From Top to Toe的

年間織作

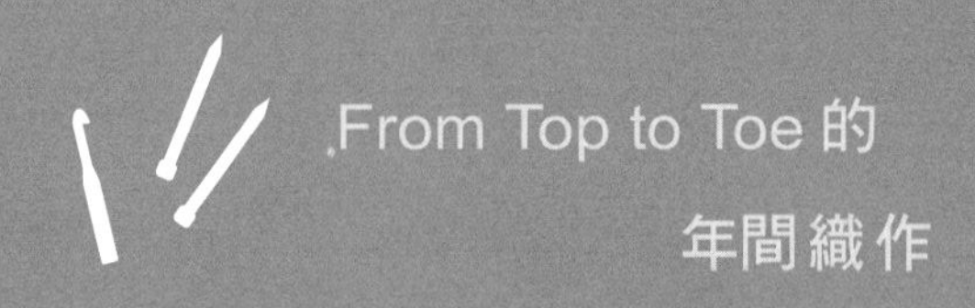
From Top to Toe的
年間織作

From Top to Toe的
年間織作

From Top to Toe的

年間織作

簡單可愛

風工房の
針織衣飾＆小物

前言

編織，是一門只要能學會棒針與鉤針的基本織法，任誰皆可輕鬆著手進行的手藝。
即使中途暫時休息，也能隨時接續開始。由於織針與線材易於攜帶，
因此也曾在旅行地點被人問及「妳在織什麼呢？」因而開始聊天。
本書主要是以2013與2015年這兩年間，於NHK電視教學講座「漂亮手作」中所介紹，
以身邊的服飾日常小物為中心，進而構思設計的作品。
「簡單又時尚的織物」這個主題，既富有難度，又具挑戰價值，
因此格外令人樂在其中。陸陸續續播出的一年時光，轉眼間就飛逝而過。
這次特別從播出的單元中，嚴選出最具人氣的作品，並且收錄了最近的新作，
對我而言，是一本相當具有紀念價值的書。
新作品加入了使用纖細線材編織的襪子，以棒針編織的艾倫花樣連指手套等作品。
由衷期盼各位能夠從這本書中找到您想編織的作品，並從中獲得編織的樂趣。

CONTENTS

CHAPTER 1

秋～冬織物

針織包

CHAPTER 2

春～夏織物

本書示意圖示

⁄⁄ ＝棒針編織 / ＝鉤針編織

CHAPTER

1

秋～冬織物

秋冬季節適合使用羊毛或羊駝毛之類保暖度較高，

毛海較長的線材編織。

本章節收錄了秋冬季節穿戴上身的各式單品，

從手套、圍巾等小物到披肩或背心等。

艾倫花樣連指手套

作法 ▶ P.49

交錯著麻花與鎖鍊花紋的艾倫花樣連指手套。
雖然手掌側的平面針難度稍高，
但絕對是一款讓人躍躍欲試的夢幻織品。

HOTEL ORIENTE

葉片花樣圍巾 11

作法 ▶ P.53

凹凸起伏的獨特織片，呈現宛如葉片的連續花樣。
綴以讓花紋更加生動的扇形邊緣，詮釋女性的柔美氣息。
若是使用蠶絲混紡的線材，膚觸會更加舒適。

條紋暖手套 /

作法 ▶ P.52

鋸齒狀的條紋花樣搭配北歐風格的色彩。
露指的設計不僅容易編織，更能作出厚實的織片。
適合作為簡單穿著的亮眼單品。

雙色襪

作法 ▶ P.55

運用雙色配色，製作為雙腳增添亮點的流行襪款。
纖細的連續花樣讓人穿著時就感到開心。
腳後跟的織法為事先織入別線，之後再挑針編織。

起伏針斗篷 11

作法 ▶ P.58

使用雙線混色編織，呈現細微變化的色彩顯得更有層次。
固定斗篷的鈕釦選擇了貝殼與木質等異材質的組合，更添時尚感。
由於僅以起伏針編織完成，因此特別推薦給初學者。

小小花樣針織帽

作法 ▶ P.60

小小的重複花樣，容易記住也容易製作的針織帽。
可利用反摺的羅紋區域調整成喜愛的尺寸。稍微戴得深一些更顯可愛感。
由於是十分基本的帽款，因此也推薦給平時沒有戴帽子習慣的人。

花樣織片蓋毯 /

作法 ▶ P.66

以喜歡的色線鉤織花樣織片，最後再視色彩的平衡拼接織片。
只要熟練基本的織片，接下來只要不斷鉤織即可。
這是可以一邊享受配色樂趣，一邊創作的繽紛蓋毯。

漸層三角披肩

作法 ▶ P.62

能夠完全包覆整個肩膀的披肩，是寒冷季節裡不可或缺的單品。
看似由中央往左右分開編織，實際上卻是以別鎖起針法開始，
一次織完整體。使用段染線材就能營造出美麗的漸層效果。

條紋花樣背心

作法 ▶ P.64

穿著時輕盈纖麗，適合多層次穿搭的鏤空編織。
線材為羊駝毛混紡線，因此也非常保暖。
鈕釦須選擇不容易讓織片下垂的貝殼鈕釦等輕巧材質。

地模樣圍巾

作法 ▶ P.57

看起來似乎是要花點功夫的織片，是一款富有特色的圍巾。
僅僅是將下針與上針稍稍錯開，即可形成這般具有流動感的花樣。
帶有成熟氛圍的紫色，不論是休閒裝扮或正式場合皆能派上用場。

織入花樣腕套 11

作法 ▶ P.68

乍看之下頗有難度的花樣編，一旦訂下底線與配色線更換的規則，
接下來的重點就是只要依規則持續編織即可。
挑選不過軟的線材較容易編織花樣，成品也更加整齊美觀。

Photographers at Work

市松花樣蓋毯

作法 ▶ P.69

平面針與起伏針編織而成的市松花樣。
僅僅運用下針與上針如此單純的針法，
卻藉由交錯編織這個小技巧完成精巧美麗的織片。
只要緊密編織平面針與起伏針的交界處，即可大為提升完成度。

雪花結晶花樣
披肩

作法 ▶ P.71

將雪花結晶般美麗的織片拼接成為披肩。
並且活用曲線優美的織片邊緣作出柔美輪廓。
使用膚觸極佳帶有絨毛感的羊駝混紡織線，展現大人風的甜美感。

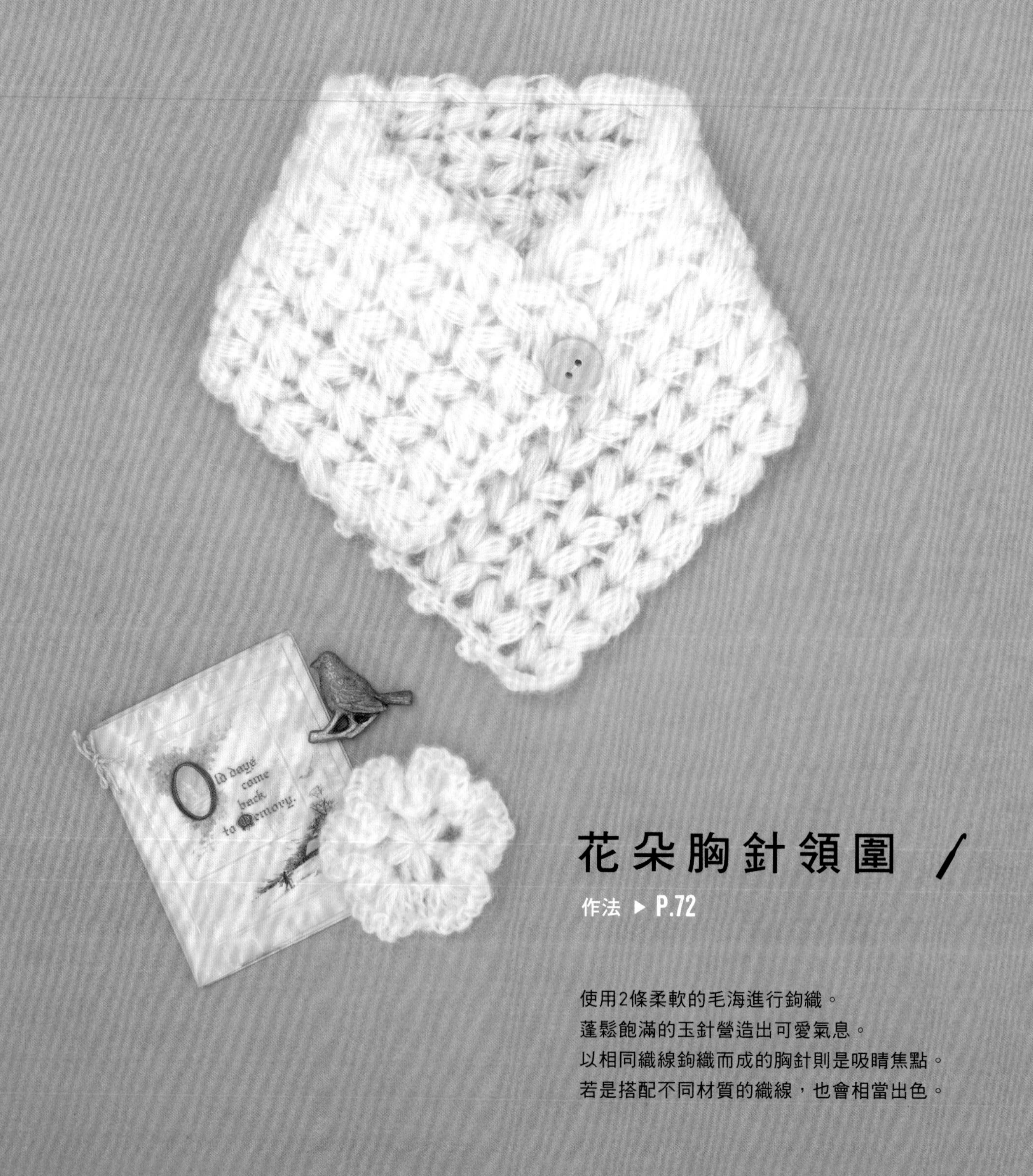

花朵胸針領圍

作法 ▶ P.72

使用2條柔軟的毛海進行鉤織。
蓬鬆飽滿的玉針營造出可愛氣息。
以相同織線鉤織而成的胸針則是吸睛焦點。
若是搭配不同材質的織線，也會相當出色。

針織包

總能成為穿搭的重點，
一款人人都想擁有的針織包。
不需減針、
容易編織的形狀，
以其洗練的品味顯得格外亮眼。

格紋小肩包 /

作法 ▶ P.73

收納一些隨身小物，
大小恰恰好的小肩包。
由袋底分別朝兩側袋口鉤織，
最後再綴縫脇邊。
使用兩色以上的配色線時，
只要熟記換線的規則，其實並沒有那麼難。

鳳梨花樣
小方包 /

作法 ▶ P.75

以清爽的水藍色織線
鉤織而成的雅致包款。
長提把的設計可作為肩背使用。
細緻的鳳梨花樣，
令人享受編織的樂趣。

夏日提袋

作法 ▶ P.76

取紅色與原色2條織線鉤織而成的提袋。
大人風的沉穩紅色系，為作品增添一絲華美。
點綴以同色線鉤織的紅色果實，小巧又可愛。

CHAPTER

2

春～夏織物

春夏季節適合以棉或亞麻等清爽光滑的線材製作織品。

本章節收錄了許多令人忍不住想要動手編織的披肩或圍巾，

以及花樣有趣的長版上衣或套頭線衫等。

貝殼花樣長版上衣 /

作法 ▶ P.78

前後衣身皆為相同形狀，因此可以流暢地鉤織完成。
因著自然垂墜的特性，穿上後就會沿著身體形成美麗的線條。
深色的丹寧色彩更是人人皆適合。

泡泡袖瑪格麗特短罩衫

作法 ▶ P.80

展現亞麻清涼感的涼爽瑪格麗特短罩衫。
編織出本體的長方形後，只要縫合袖子即完成。
由於織片邊緣容易捲起，因此必須以熨斗確實整燙平整。

雙色套頭線衫

作法 ▶ P.81

以清爽的雙色織線鬆鬆的編織出鏤空花樣般的套頭罩衫。
由於裡側的織片花樣也相當漂亮，
所以即使將衣服翻面反穿也頗富趣味。

夏日草帽 /

作法 ▶ P.84

一頂造型簡單的帽子絕對是穿搭的必備單品。
沒有困難的技法，只要特別注意加針處就能輕鬆完成。
將寬闊的帽緣往下壓低，覆於眉眼上，更顯時尚。

鳳梨花樣長巾

作法 ▶ P.86

僅於單側鉤織鳳梨花樣的長巾，
如同綴上羽毛花邊般輕盈優雅。
素淨的黃色必能成為春裝的亮點。

鳳梨花樣
典雅披肩

作法 ▶ P.87

以絲線編織，觸感極佳的披肩。
並排的鳳梨花樣讓織片邊緣呈現出起伏的波浪線條。
只需隨興圍上，就能增添領口的雅緻氛圍。

菱形圖案披肩

作法 ▶ P.88

宛如裝飾了緣飾般的兩端，
勾勒出女性柔美氣質的織片。
挑束鉤織的作法淺顯易懂，
即使是初學者也能輕鬆編織。

寄針花樣披巾

作法 ▶ P.89

在距離減針處數針之遠的地方進行掛針，
使下針呈現傾斜狀的織法，以此作出寄針花樣。
兩端自然呈現波浪般的模樣，相當有趣。

HOW TO MAKE

作法

關於作品的難易度

● ＝初級
●● ＝中級
●●● ＝高級

※作法圖中的數字單位，
若無特別標示皆為cm。

P.5
艾倫花樣連指手套

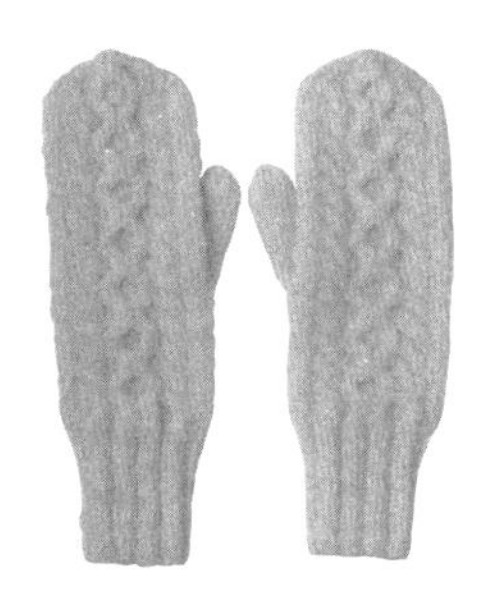

線材原寸大小

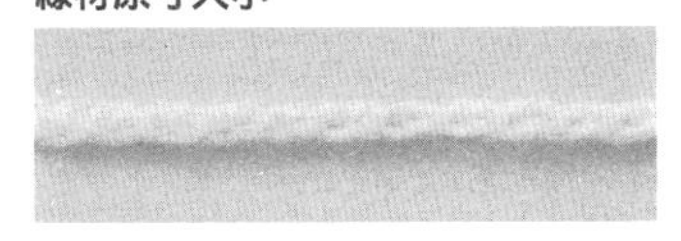

難易度

●**材料**　並太混紡線
米白色…50g
●**工具**　7號短棒針4枝、5號短棒針4枝、麻花針
其他為6號單頭棒針1枝（起針用）、合太棉線（拇指孔別線用）、毛線針、段數記號環等。
●**完成尺寸**　手圍17cm　長26cm
●**密度**　平面針…20針×31段＝10cm正方形
花樣編…33針×31段＝10cm正方形

拇指的挑針位置

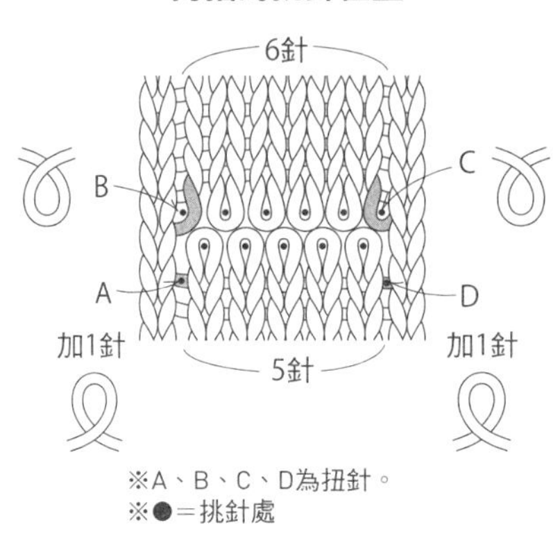

織法

右手

1　手指掛線起針法起36針（6號棒針1枝），分為3枝5號棒針，各12針。接合成環狀之後，以二針鬆緊針編織至第24段。

2　改換成7號棒針，在第25段的指定位置織捲加針。參照織圖，編織平面針與花樣編。在段與段的交界處加上段數記號環作記號。第21段的編織起點暫休針，以別線織入5針。將別線的針目移回左棒針上，以休針的織線繼續編織。第53段開始，將脇邊的1針立起，於兩側進行減針。最終段的10針穿線兩次（每隔1針挑針穿線，繞2圈），縮口束緊。

3　解開拇指孔的別線，將針目移至2枝7號棒針上，參照織圖挑針編織，將針目分為4針、5針、4針於3枝棒針上（兩端請參照織圖織扭加針），進行輪編。最終段織2併針，最終段的7針穿線兩次，縮口束緊。

左手

同右手的要領，左右對稱編織。拇指孔的別線於編織終點處織入。

拇指織圖

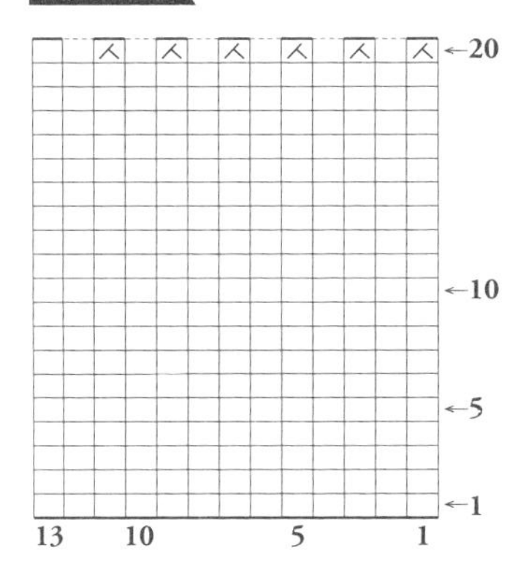

結構圖

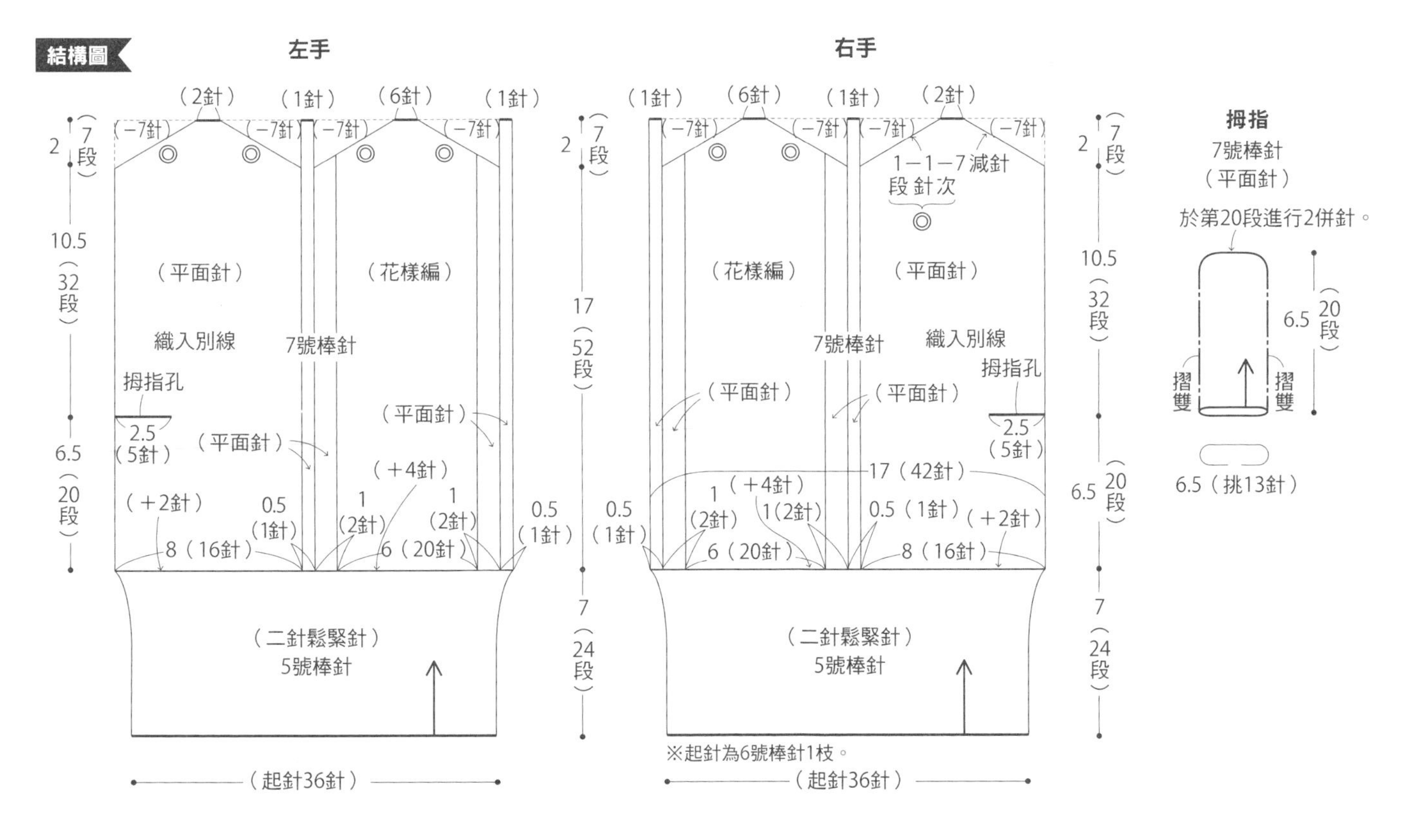

織圖

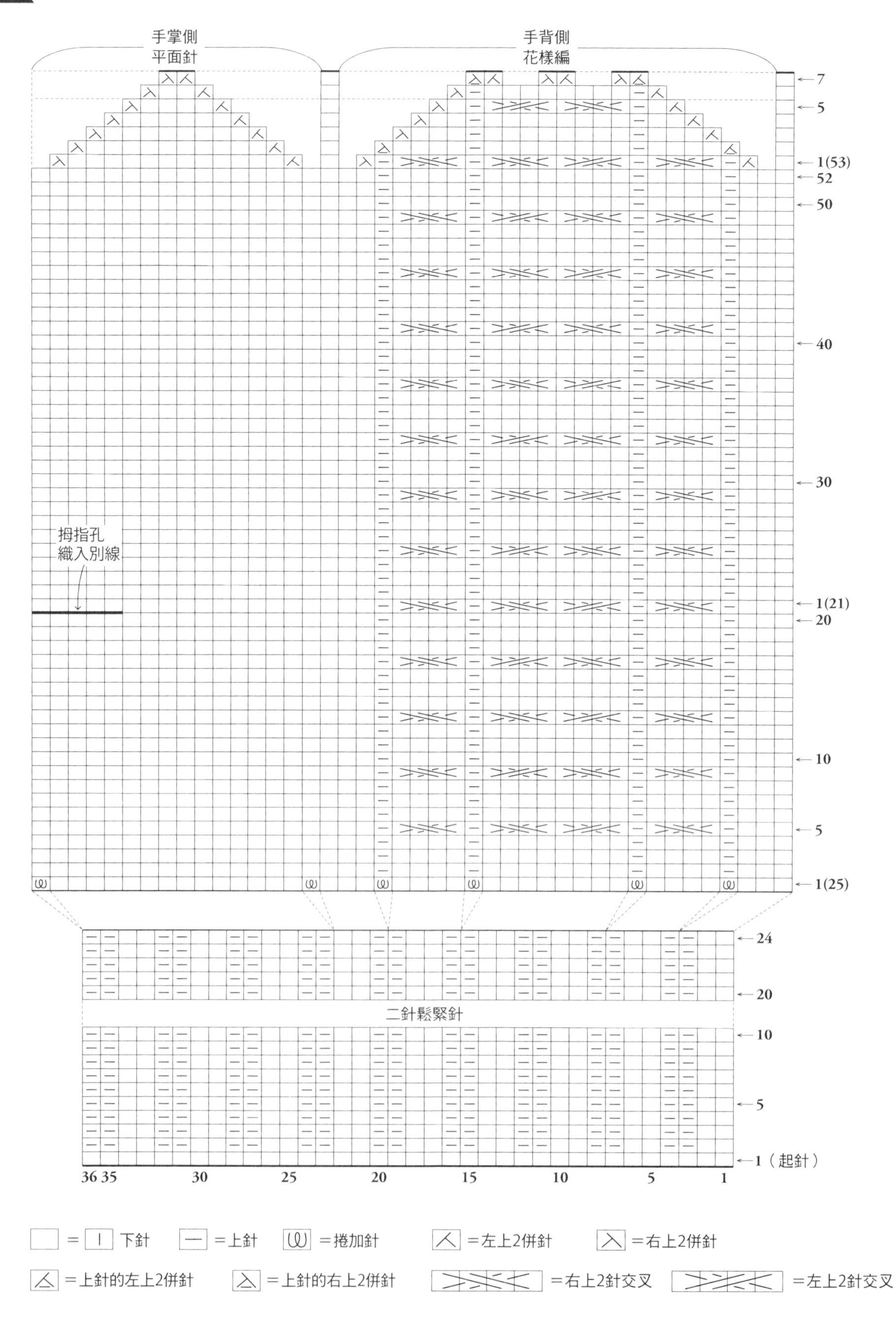

左手
手掌側
平面針
手背側
花樣編
拇指孔
織入別線
7
5
1(53)
52
50
40
30
1(21)
20
10
5
1(25)
24
20
二針鬆緊針
10
5
1（起針）
36 35
30
25
20
15
10
5
1
=下針
=上針
=捲加針
=左上2併針
=右上2併針
=上針的左上2併針
=上針的右上2併針
=右上2針交叉
=左上2針交叉

右手

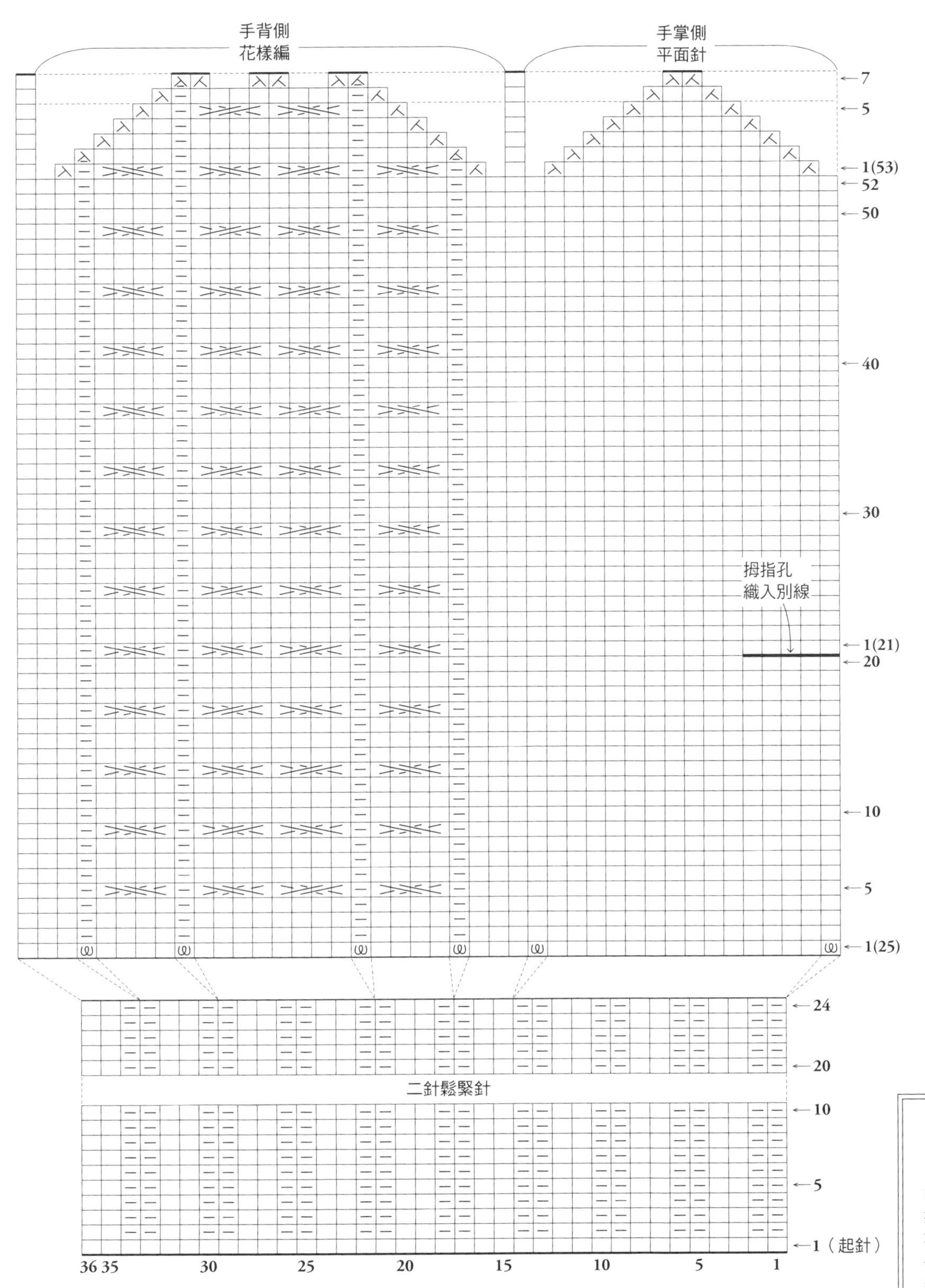

編織POINT

由鬆緊針開始編織，以捲加針增加針目，編織花樣。收針段的花樣處也要進行減針，最終段的針目每隔1針挑針穿線，繞線2圈後縮口束緊，即可漂亮地完成作品。

P.8
條紋暖手套

難易度

●材料 並太混紡線
藍灰色…30g
檸檬黃…25g
●工具 6/0號鉤針
其他為毛線針等。
●完成尺寸 手圍
19.5cm 長18cm
●密度 花樣編
…17.5針×7.5段＝10cm正方形

手掌側

手背側

線材原寸大小

織法

右手

1 以藍灰色織線鎖針起針鉤34針，挑第1針的鎖針鉤引拔針，頭尾連接成環。鉤3針鎖針作為立起針，挑鎖針半針與裡山，由手腕開始鉤織花樣編。立起針所在處作為手掌側。第1段的鉤織終點是在立起針的第3針鎖針鉤引拔針，接著將針目拉大，線球穿入後拉緊，織線暫休針。

2 交互以藍灰色與檸檬黃鉤織1段，即形成條紋花樣。第2段接上檸檬黃的織線鉤織，立起針的第2針鎖針包入第1段的織線，將線渡往上方。鉤織終點作法同第1段，暫休針。第3段，拉起包編的第1段織線，在第2段立起針的第3針鎖針接續鉤織，如此交替至第8段。在拇指段的鉤織終點鉤3針鎖針代替1組花樣。

3 完成所有織段後，接續鉤織緣編。緣編的短針是在鎖針下方的空間入針，挑束鉤織。鉤織終點是挑第1段短針的針頭鉤引拔針，接著鉤針掛線再鉤一次引拔。2色織線皆於背面進行線端的藏線。在起針處接線，挑束鉤織一圈緣編。

4 鉤織拇指，在指定位置（第10段的空間）接線後引拔，鉤3針鎖針作為基底針目，在第8段挑束鉤引拔固定。接著鉤立起針的3針鎖針，依合印記號挑針，鉤織花樣編，並且接續鉤織緣編。

左手

至第8段為止鉤織方法同右手，拇指段是在鉤織起點鉤3針鎖針當作1組花樣。拇指織法是在第8段挑束接線後引拔，鉤織3針鎖針，在第10段挑束鉤引拔固定。之後，同右手的要領進行鉤織。

織圖

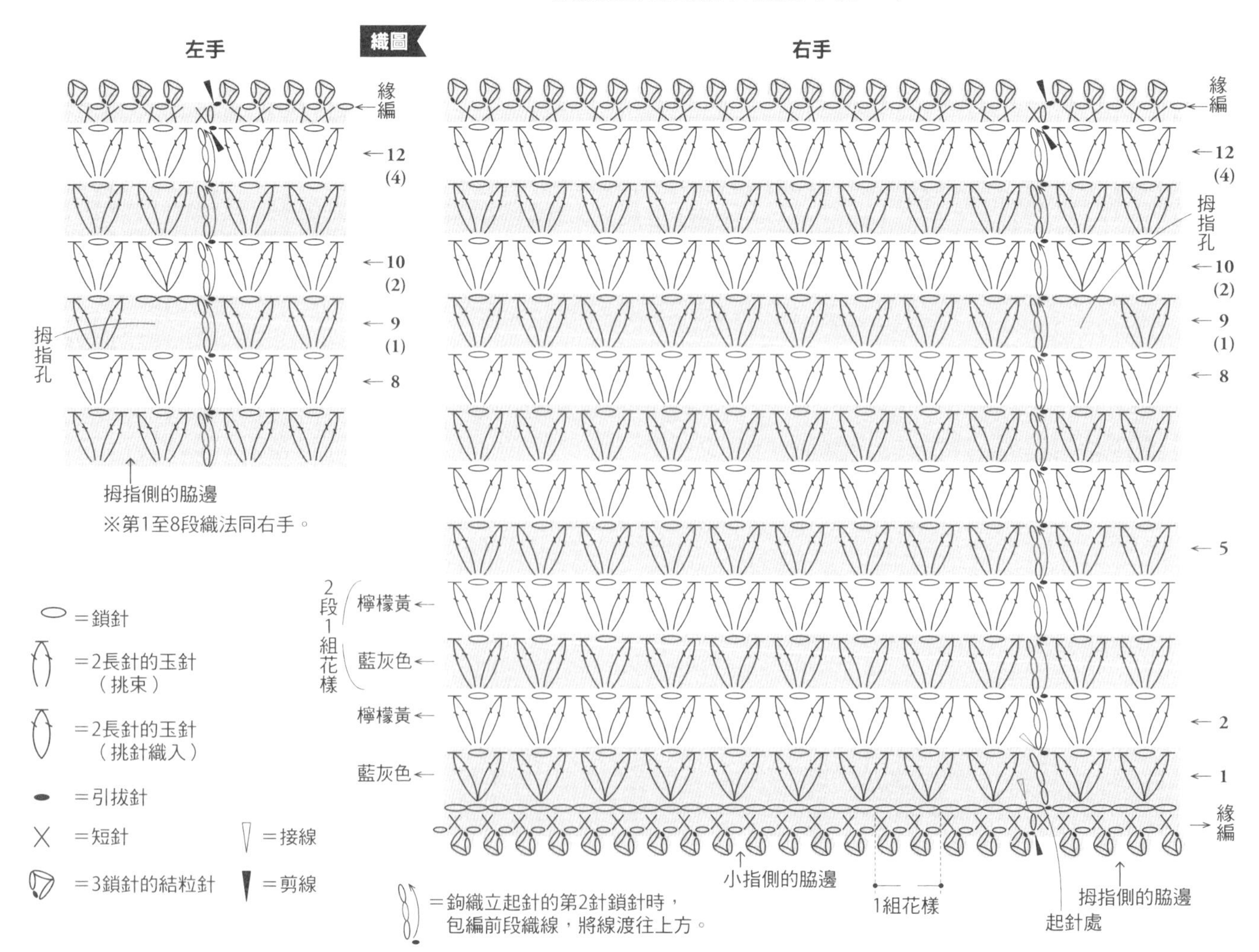

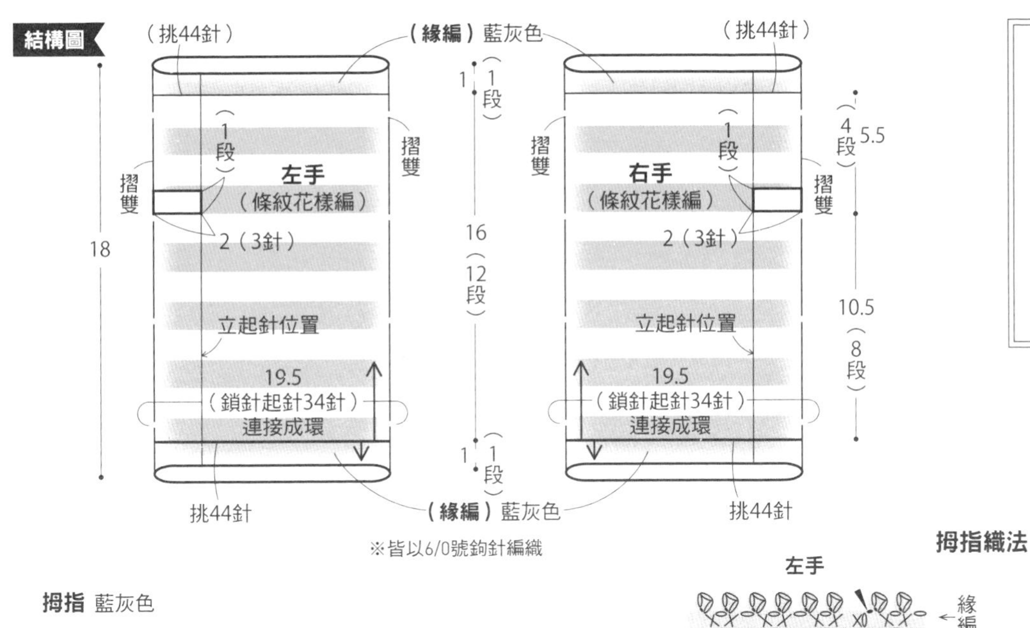

※皆以6/0號鉤針編織

編織POINT

以2長針的玉針與鎖針鉤織V字形花樣。每1段更換色線，以2色編織就會形成有趣的Z字形橫條紋花樣。更換色線後，將休針的線往上提，並於立起針的鎖針中包編後往上方渡線。

拇指 藍灰色

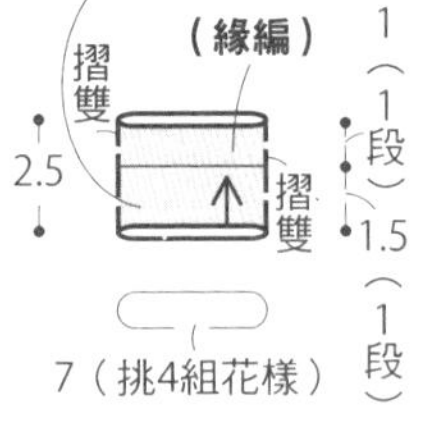

※左右通用。

拇指織法

左手　右手

緣編
← 1
← 10
← 8

※依合印記號挑針鉤織。

P.6 葉片花樣圍巾

難易度

●**材料**　並太混紡線
粉紅色…190g
●**工具**　6號單頭棒針2枝、5/0號鉤針
其他為7號單頭棒針1枝（起針用）、
段數記號環、毛線針等。
●**完成尺寸**　寬27cm　長126cm
●**密度**　花樣編…29針×29段＝10cm正方形

線材原寸大小

織法

1　手指掛線起針法起79針（7號棒針1枝），接著改換成6號棒針編織4段起伏針。

2　參照織圖編織花樣編。20段1組花樣，因此為了方便計數，建議每1組花樣結束時掛上段數記號環，共編織360段。

3　編織3段起伏針，收針段是在背面以5/0號鉤針進行引拔收縫，鉤織時注意避免針目過緊。

編織POINT

只要交互編織3併針與掛針，就能織出葉片花樣。花樣編的兩側會分別編織1針上針，因此只要不弄錯花樣編的第一段，即可順暢編織。

結構圖

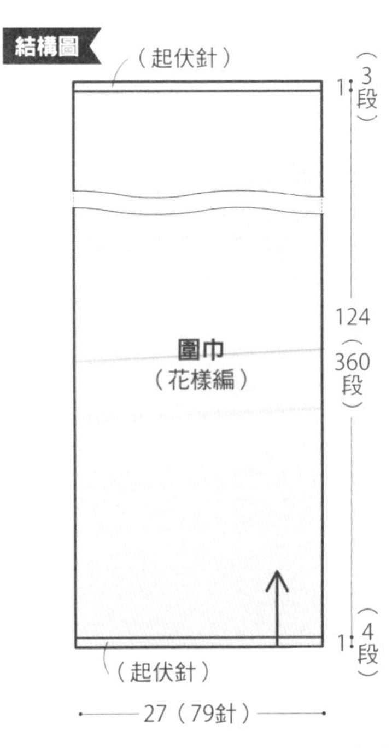

※以6號棒針編織（起針為7號棒針1枝）。

織圖

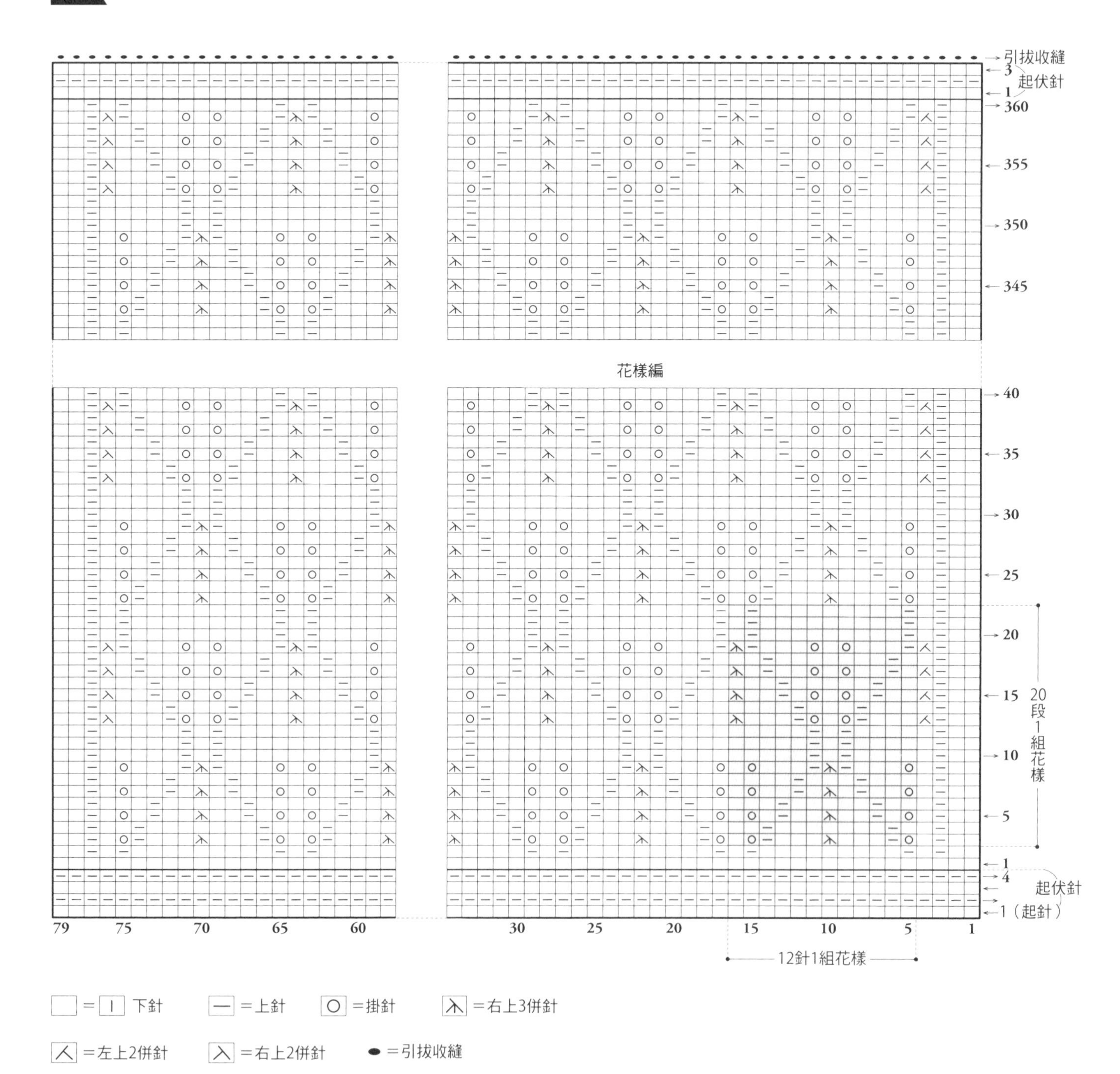

引拔收縫
3
起伏針
1
360
355
350
345
花樣編
40
35
30
25
20
15
10
5
1
4
起伏針
1（起針）
20段1組花樣
79
75
70
65
60
30
25
20
15
10
5
1
12針1組花樣
＝ | 下針
＝上針
＝掛針
＝右上3併針
＝左上2併針
＝右上2併針
＝引拔收縫

P.10
雙色襪

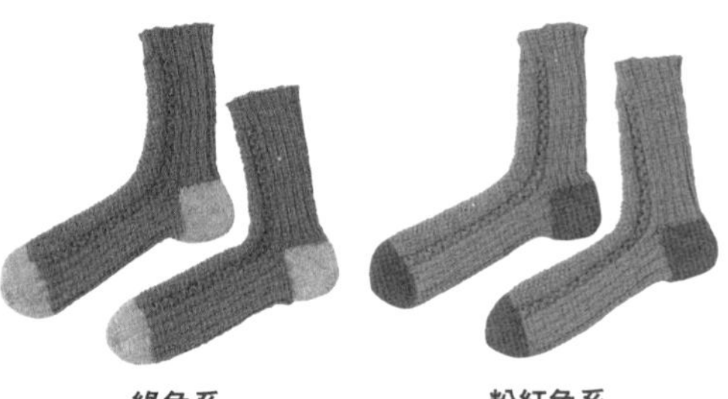

難易度

●**材料**　中細混紡線
綠色系　綠色…50g、水藍色…10g
粉紅色系　深粉紅色…50g、紅色…10g

●**工具**　1號短棒針4枝
其他為2/0號鉤針（起針用）、
合太棉線（起針與腳後跟用的別線）、
毛線針、段數記號環等。

●**完成尺寸**　足圍18cm
襪筒高17.5cm　襪底長21cm

●**密度**　花樣編、二針鬆緊針皆為…
34針×44.5段＝10cm正方形

線材原寸大小

編織POINT

雖屬於較緊緻的編織，但穿上之後會自然延展，因此襪底長度須比自己的腳小2cm左右。最終段的套收針，重點則是要比照足圍稍微寬鬆地編織。

織法

右腳

1　使用2/0號鉤針，別線起針鉤織61針鎖針（別鎖起針）。將針目分為20針、21針、20針移至3枝1號棒針上。接合成環狀後，腳背側進行花樣編，腳底側進行二針鬆緊針，織至第58段。進行輪編時，於腳底、腳背的編織交界處加上段數記號環作為記號。

2　編織腳背側的第59段後，於腳後跟位置休針，取別線織入30針。將別線的針目移回左棒針上，繼續以休針的織線編織腳後跟別線的針目，織至第50段。襪口織二針鬆緊針，在腳背側中央作1針減針。收針段依前段針目織套收針。最後以鎖針接縫收尾。

3　編織腳尖，一邊解開別線的鎖針一邊挑針，在第1段的花樣編中央織右上2併針，減1針後以B色線進行輪編。兩側脇邊各立起2針，其餘進行減針。收針段以平針縫縫合。

4　解開腳後跟開口的別線，將針目分移至2枝棒針，參照P.49「拇指的挑針位置」，將針目分至3枝棒針上（兩端的部分為A、D不挑針，B、C織扭加針），取B色線進行輪編，織法同腳尖。

左腳

同右腳的要領，對稱編織。腳後跟的別線是在第59段的編織起點織入。

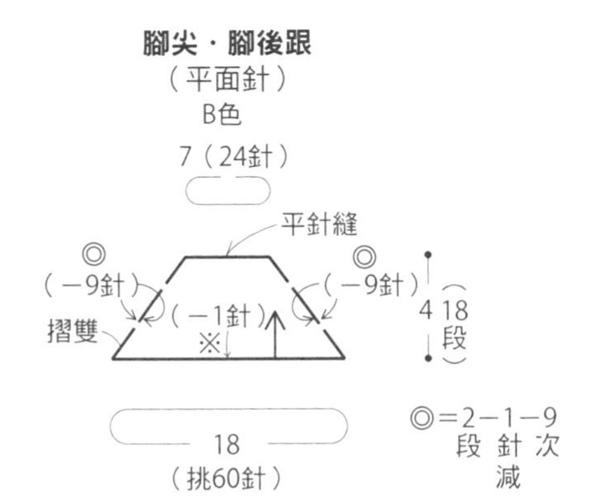

※腳尖是在花樣編的中央；腳後跟則是在腳踝側的中央進行1針減針。

結構圖

左腳
（60針）
（－1針）襪口（二針鬆緊針）
腳背
腳後跟
腳後跟開口
織入別線
（花樣編）
A色
9（31針）
（二針鬆緊針）
腳底
9（30針）
（起61針）
11（50段）
13（58段）

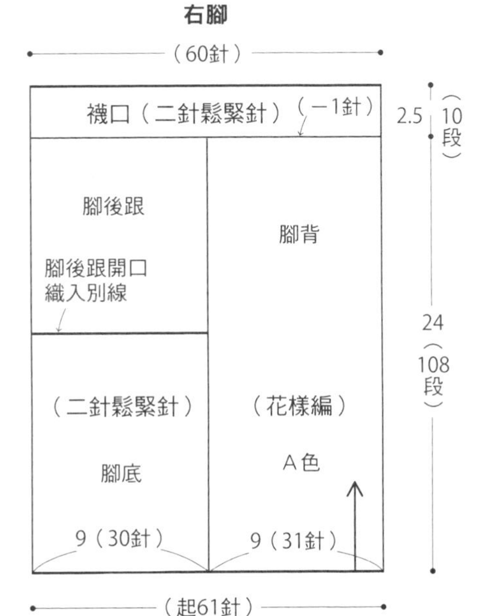

※皆以1號棒針編織（起針為2/0號鉤針）

綠色系
A色＝綠色
B色＝水藍色

粉紅色系
A色＝深粉紅
B色＝紅色

※腳尖、腳後跟皆為B色，其他皆以A色編織。

完成圖

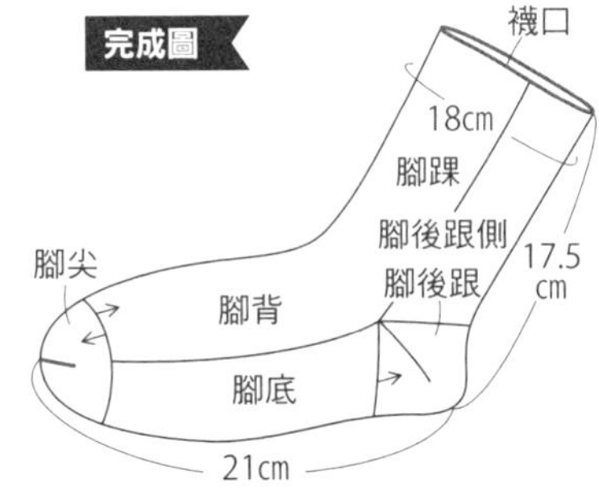

織圖

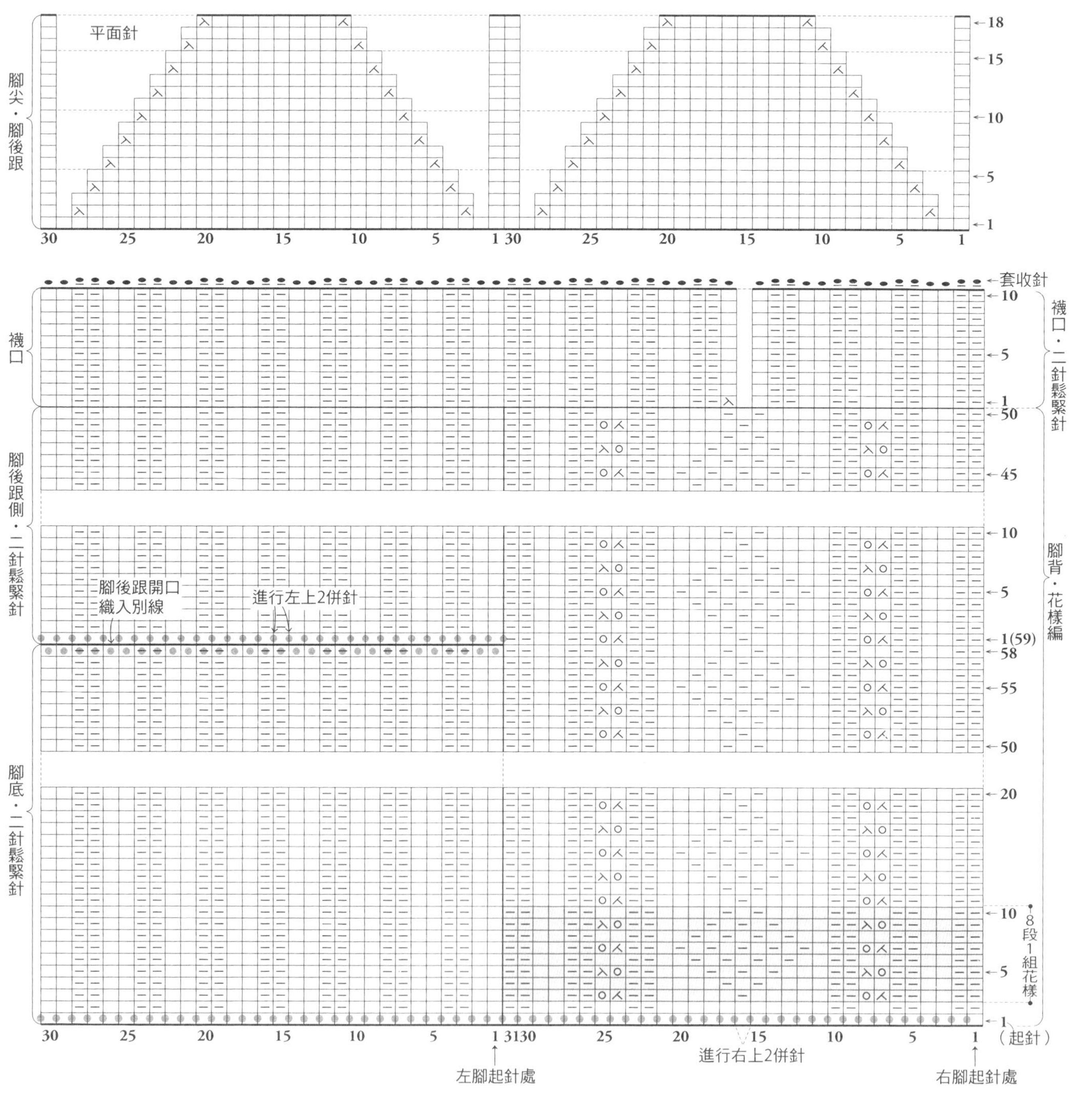

□＝| 下針　—＝上針　○＝掛針

⋌＝左上2併針　⋋＝右上2併針

●＝套收針（下針）　●＝套收針（上針）

●＝腳尖・腳後跟挑針位置

P.22
地模樣圍巾

織法

1 手指掛線起針法起60針（5號棒針1枝），接著改以4號棒針編織2段起伏針。左右兩端各配置2針起伏針，其他皆進行花樣編。花樣編以7針，14段為1組花樣，每一段針目為重複8組花樣，全織段則是重複29組花樣，編織至408段。最終段織1段下針。

2 收針段為翻至背面以3/0號鉤針進行引拔收縫，要注意避免針目過緊。

難易度

- **材料**　中細CASHMERE線　紫色…85g
- **工具**　4號單頭棒針2枝、3/0號鉤針
  其他為5號單頭棒針1枝（起針用）、
  毛線針等。
- **完成尺寸**　寬23cm　長110.5cm
- **密度**　花樣編…26針×37段＝10cm正方形

線材原寸大小

編織POINT

手指掛線起針後，翻面織第2段的起伏針折返，第3段開始依織圖進行花樣編。翻至背面進行的織段，除兩端的2針以外，織法皆同前段針目。收針段的引拔收縫須注意避免針目過緊。

結構圖

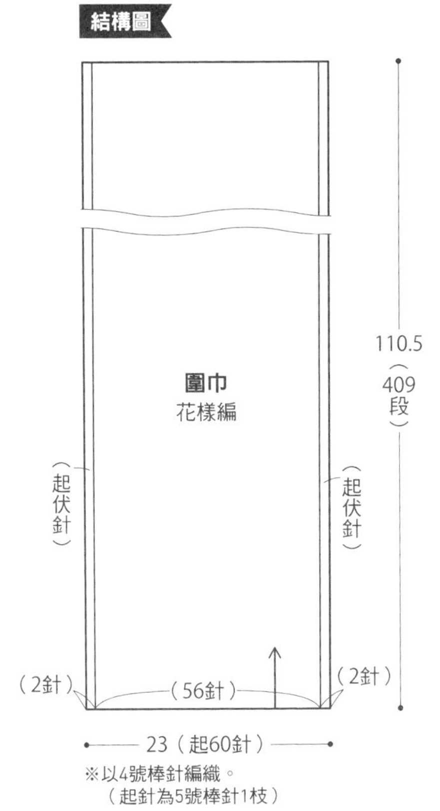

※以4號棒針編織。
（起針為5號棒針1枝）

織圖

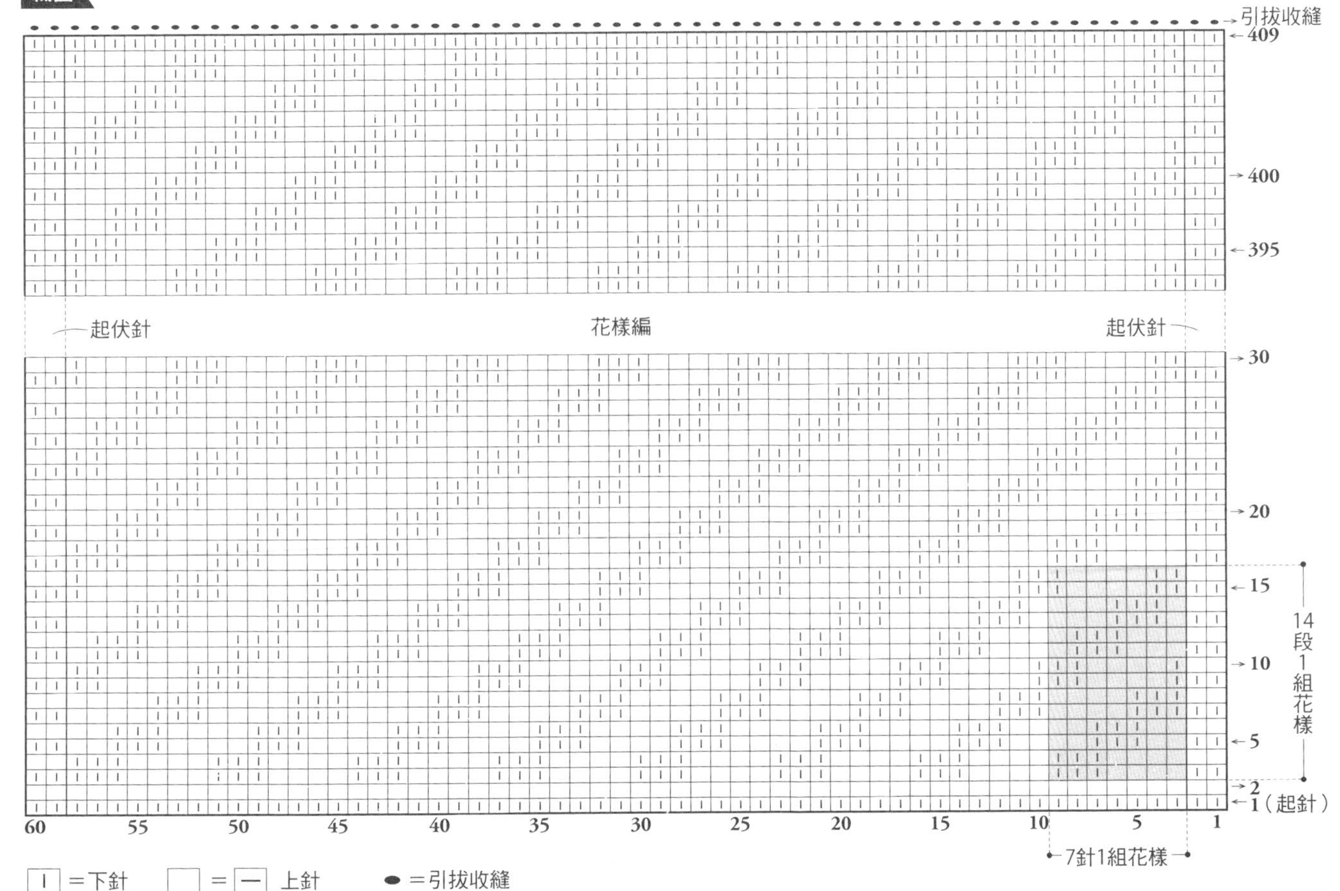

□I＝下針　□＝□—　上針　●＝引拔收縫

P.12
起伏針斗篷

難易度

●材料　並太混紡線
淺灰色、杏色…各65g
直徑1.8cm的貝殼鈕釦…1顆
直徑2.3cm的木製鈕釦…1顆

●工具
10號單頭棒針2枝、6/0號鉤針　其他為11號單頭棒針1枝（起針用）、鈕釦接縫用線、毛線針、段數記號環等。

●完成尺寸　長26cm

●密度　起伏編
…12.5針×25段＝10cm正方形

線材原寸大小

編織POINT

由於是取2條毛海較長的織線編織，編織時須避免漏挑一條。邊端不另作緣編等修飾，因此編織時須注意避免織得太鬆。當起伏針的減針是看著織片正面進行時，實際上是交互編織左上與右上2併針。

結構圖

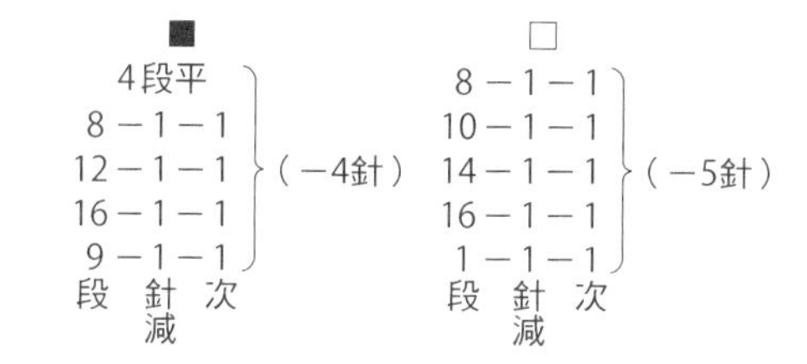

※皆取淺灰色與杏色各1的2條織線混色編織

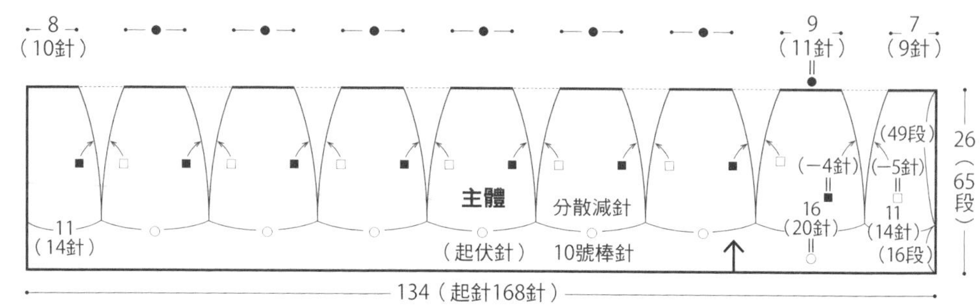

織圖

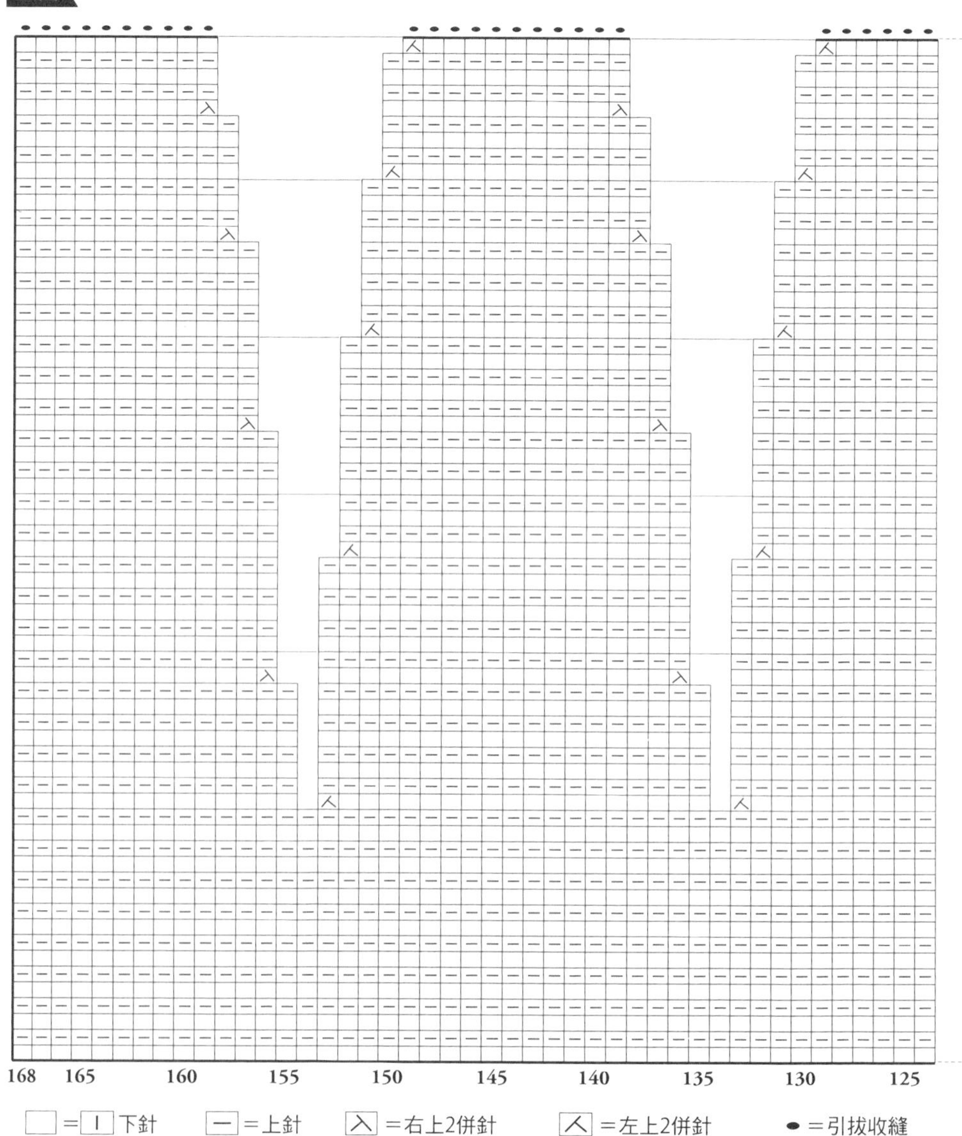

□＝|下針　－＝上針　入＝右上2併針　人＝左上2併針　●＝引拔收縫

織法

皆取淺灰色與杏色各1的2條織線混色編織。

1 手指掛線起針法起168針（11號棒針1枝），接著改換10號棒針編織起伏針。編織至第16段後，自第17段起進行分散減針，共減針72針（－9針×8處）。收針段是翻至背面，以6/0號鉤針進行引拔收縫，鉤織時要避免針目過緊。

2 在引拔收縫之後，接續於右前側鉤織釦環。

3 實際試穿，決定正面中心重疊的範圍，再接縫鈕釦。釦環對應處接縫木製鈕釦；釦眼對應處接縫貝殼鈕釦。釦眼是將起伏針的針目拉開，製作而成（無理穴：先完成織品再開釦眼）。

完成方法

※試穿後決定釦眼與鈕釦的位置，相對應地接縫上去。

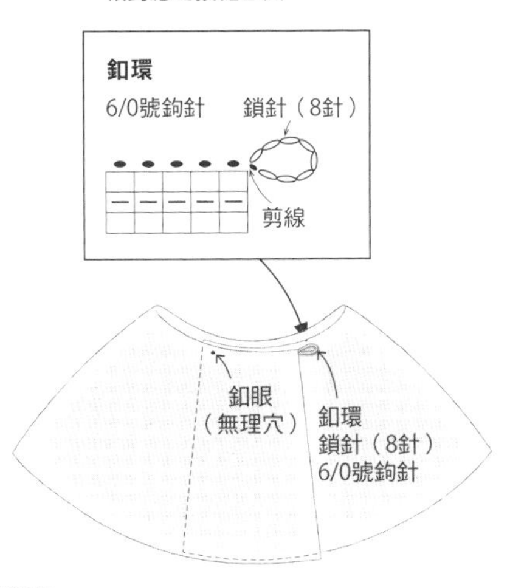

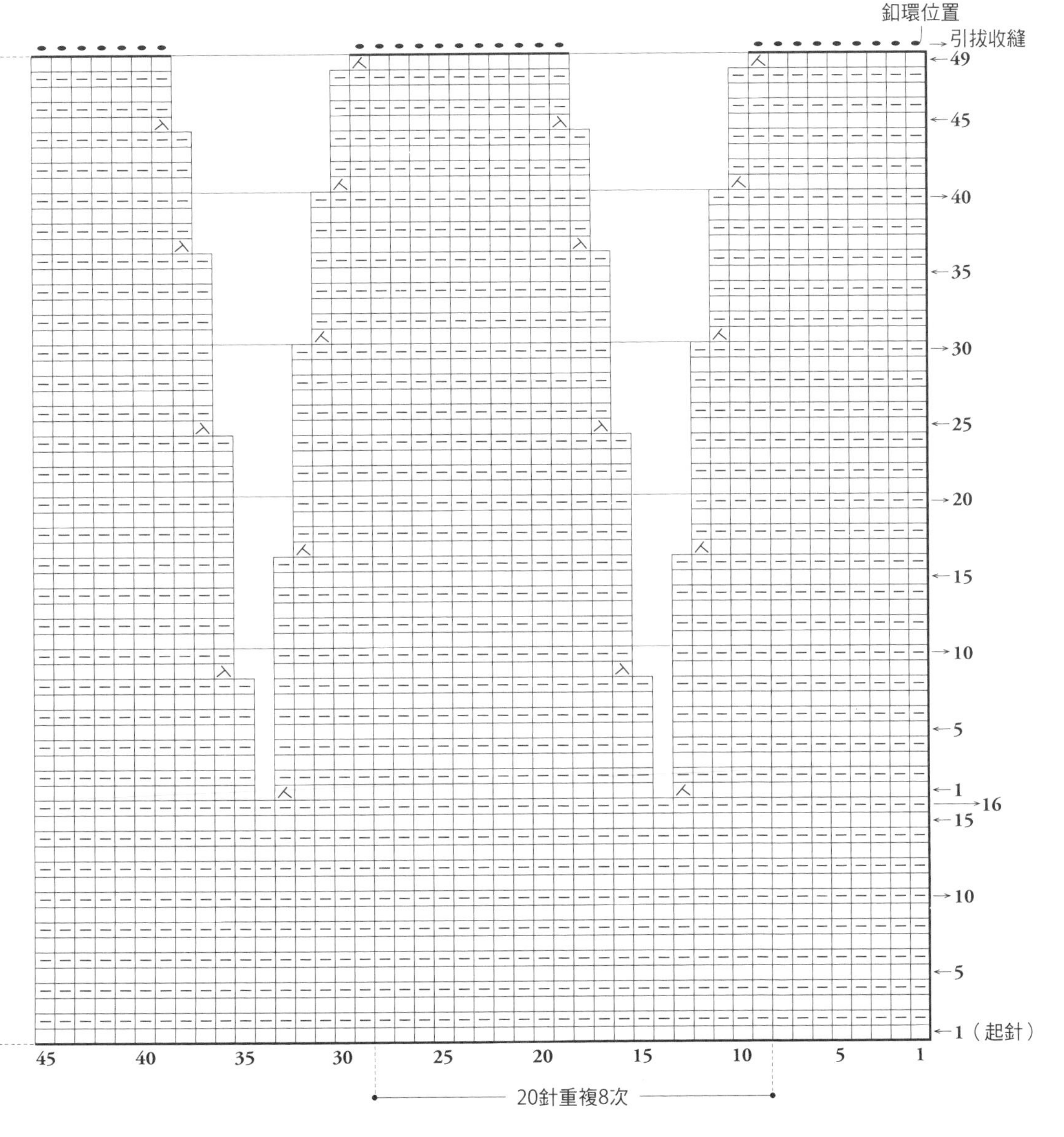

P.14
小小花樣針織帽

難易度

●**材料**　並太羊毛軟呢線（Wool Tweed）
灰色…65g、水藍色…15g

●**工具**　9號棒針4枝、7號棒針4枝
其他為8號單頭棒針1枝（起針用）、毛線針、段數記號環等。

●**完成尺寸**　頭圍53cm　帽深27.5cm

●**密度**　織入花樣…19針×20段＝10cm正方形
平面針…19針×24段＝10cm正方形

線材原寸大小

織圖

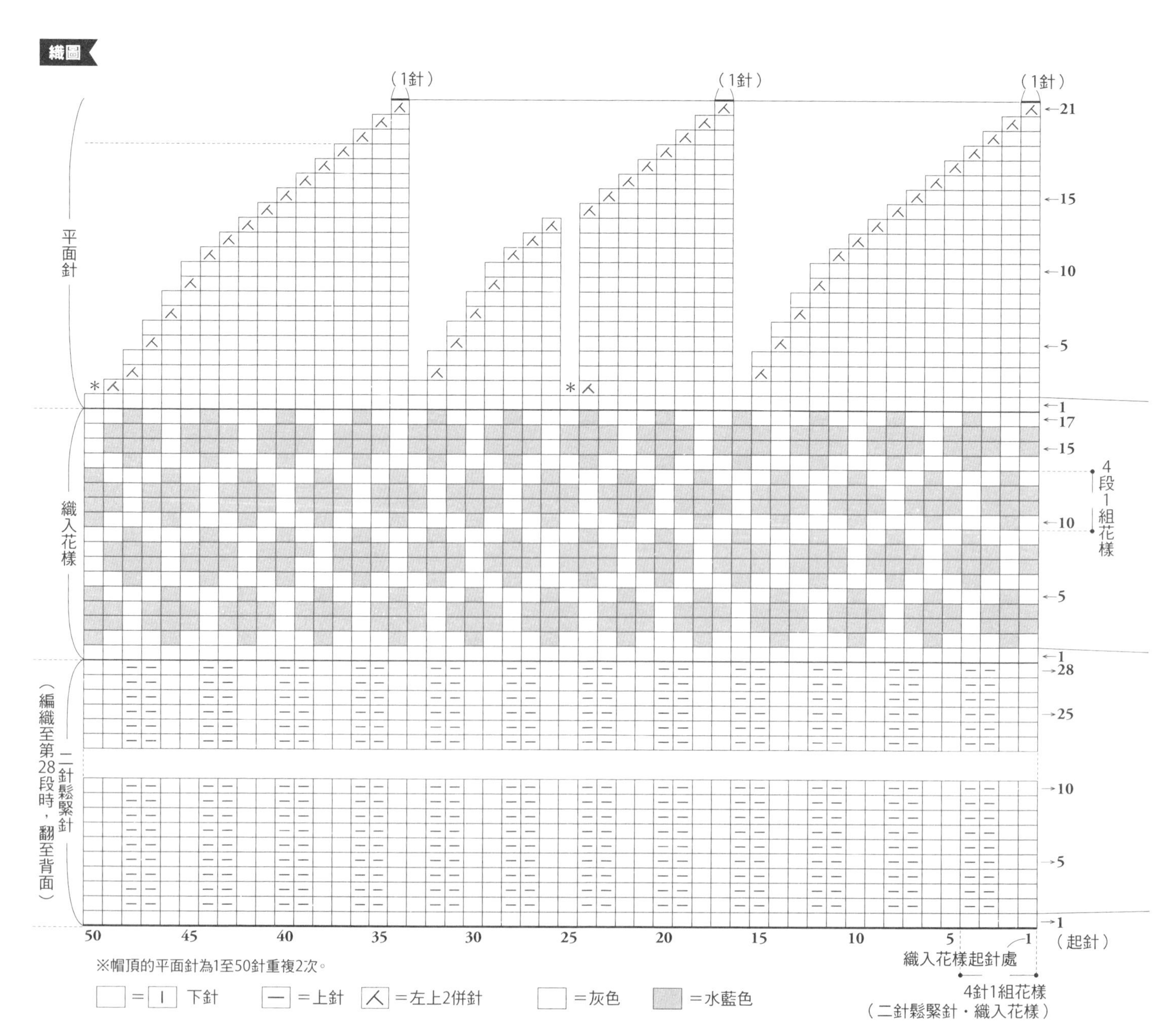

織法

1 手指掛線起針法起100針（8號棒針1枝），針目分為33針、34針、33針於3枝7號棒針上，接合成環狀。以二針鬆緊針編織至第28段。

2 二針鬆緊針為反摺部分，因此編織時的正反面是相反的，亦即將織片翻面，改變編織方向來進行。改換9號棒針，參照織圖開始進行織入花樣。由於是固定看著織片正面進行輪編，因此織入花樣全部皆以下針編織。在段與段的交界處加上段數記號環作記號，會更為清楚。

3 編織織入花樣至第17段（第1段是以灰色單色織下針）後，改換7號棒針編織平面針，第2段每24針織1針左上2併針，整體減4針，將針數調整至16針倍數的96針。

4 參照織圖編織帽頂的減針，收針處的織線預留30cm左右後剪斷，穿入毛線針中。最終段的6針每隔1針挑針穿線，第2圈則是將剩餘的3針全部穿線，縮口拉緊。收針處與起針處的線端於背面進行藏線，須避免縫到正面影響美觀。起針處的線端，是藏入反摺時成為背面的那一側（拉長時為正面）。

5 二針鬆緊針的部分可依個人喜好，調整反摺長度。

編織POINT

本作品是以灰色為底色線，水藍色為配色線製作。織線橫向渡線後更換色線，但更換織線時，須固定以底色線在下，配色線在上的方式進行。渡線須避免歪斜或過於鬆弛，保持一定的長度渡線。輪編的織入花樣特別容易歪斜，而稍微放鬆渡線則為祕訣所在。

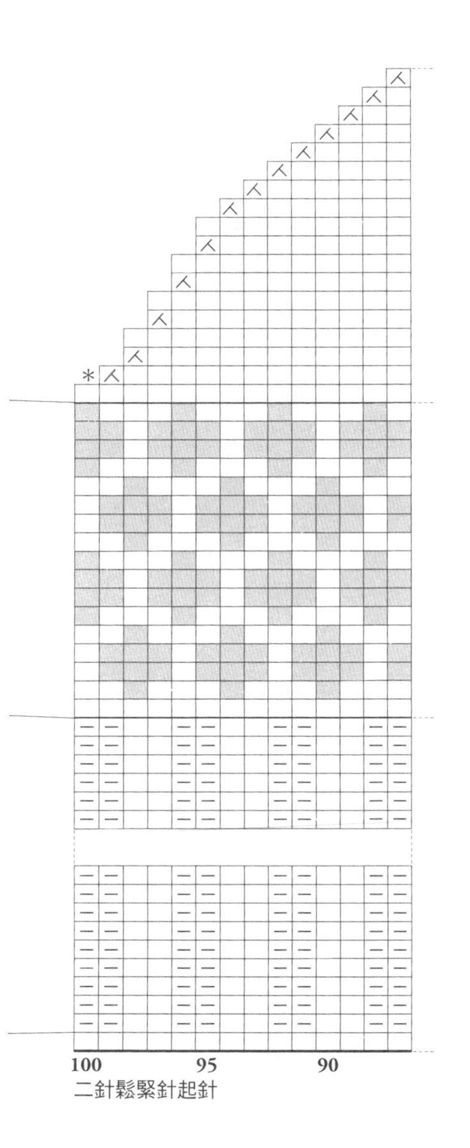

結構圖

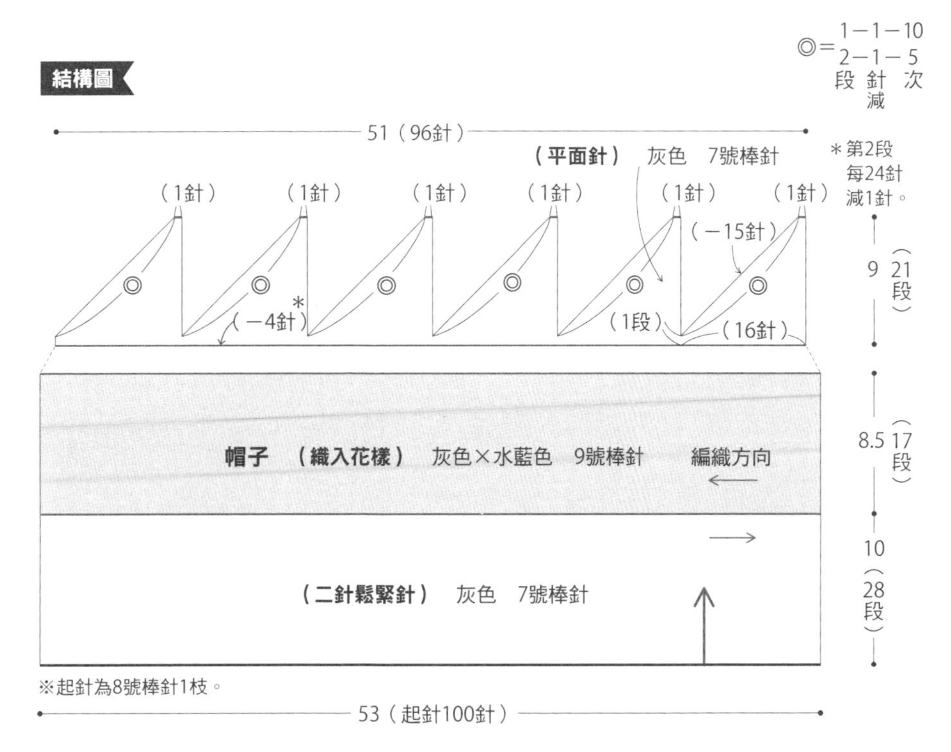

P.18
漸層三角披肩

難易度

●**材料**　合太混紡線（單線甘撚）
綠色系段染…130g

●**工具**　5號棒針4枝或5號輪針（80～120cm）、5/0號鉤針

其他為合太棉線（起針用的別線）、棒針套、毛線針等。

●**完成尺寸**　寬110cm　長55cm

●**密度**　花樣編…22針×44.5段＝10cm正方形

線材原寸大小

織法

1　使用5/0號鉤針，以別線編織5針鎖針（別鎖起針）。預留約20cm長的線段後，以5號棒針挑鎖針的裡山開始編織花樣編，在兩端與中央處進行掛針以及下一段的扭針來進行加針。掛針與扭針呈左右對稱進行。

2　收針段是翻至背面，以5/0號鉤針進行引拔收縫，為避免針目歪斜，須力道均勻地進行收縫。解開起針的別線鎖針，將預留的織線穿入5針內，縮口束緊，進行線端的收針藏線。

織圖

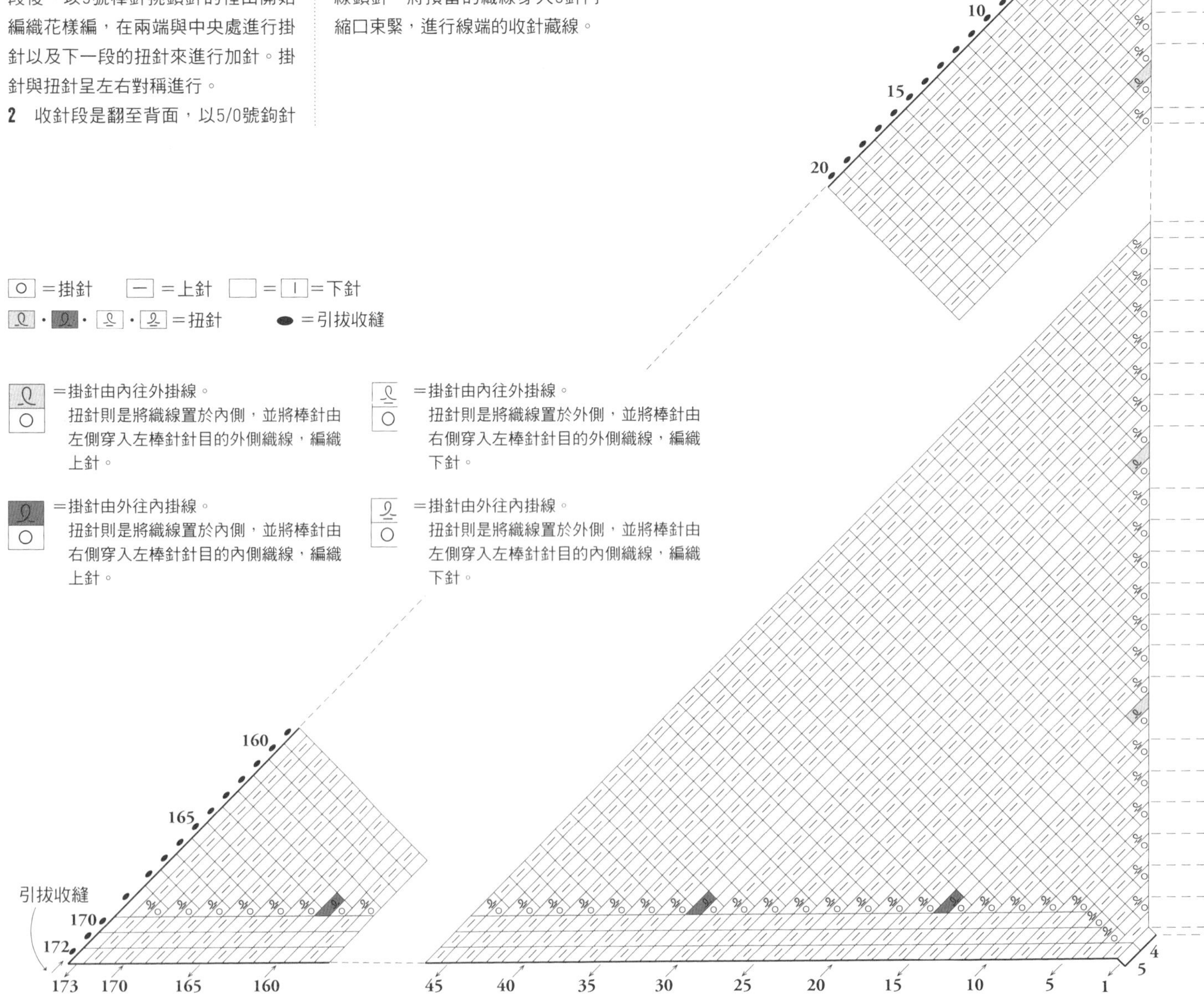

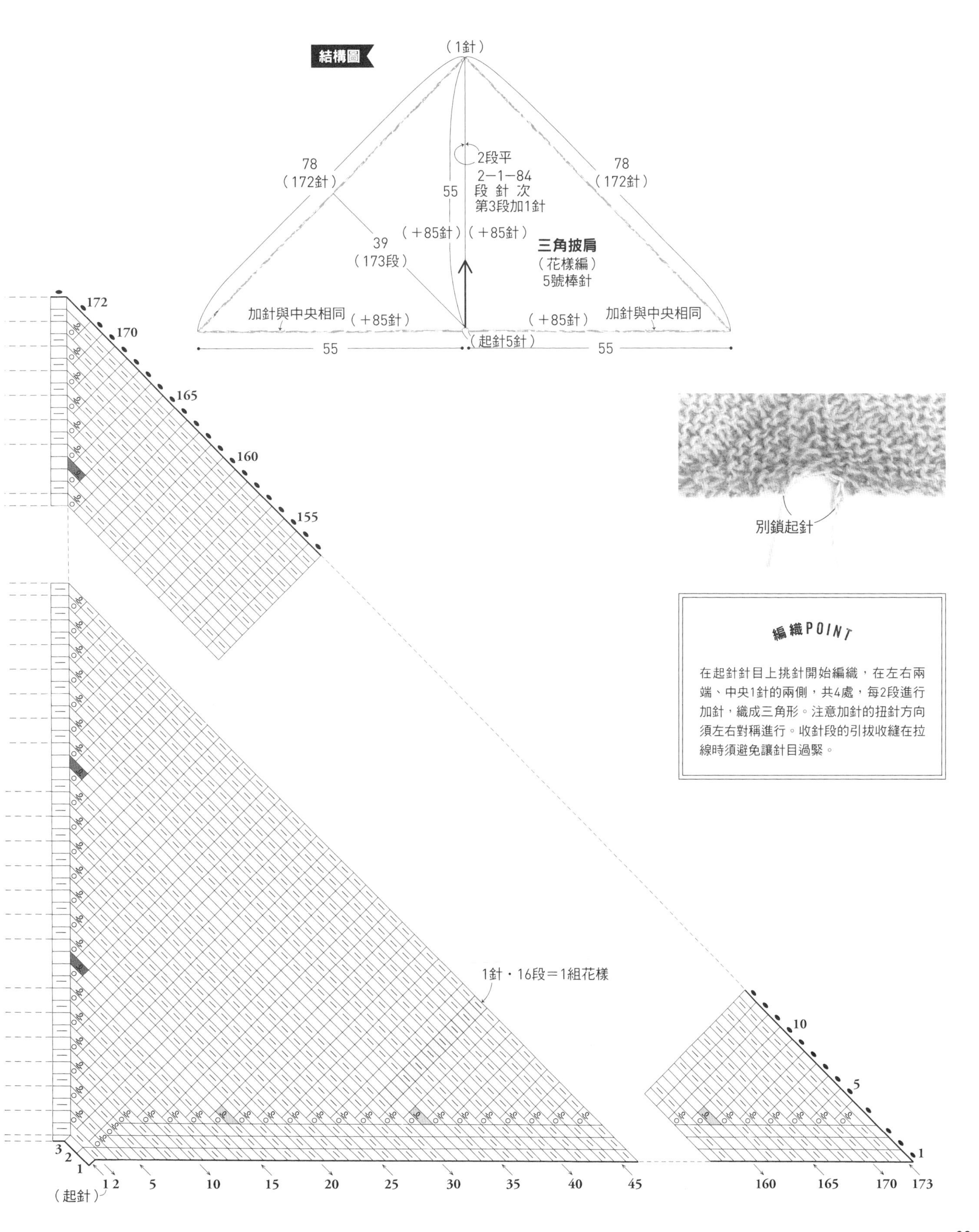
結構圖
（1針）
78
（172針）
78
（172針）
2段平
2−1−84
段 針 次
第3段加1針
55
（＋85針）（＋85針）
39
（173段）
三角披肩
（花樣編）
5號棒針
加針與中央相同
（＋85針）
（＋85針）
加針與中央相同
（起針5針）
55
55
別鎖起針
編織POINT
在起針針目上挑針開始編織，在左右兩端、中央1針的兩側，共4處，每2段進行加針，織成三角形。注意加針的扭針方向須左右對稱進行。收針段的引拔收縫在拉線時須避免讓針目過緊。
172
170
165
160
155
1針・16段＝1組花樣
10
5
1
3
2
1
（起針）
1 2 5 10 15 20 25 30 35 40 45
160 165 170 173

P.20
條紋花樣背心

難易度

●**材料**　合細混紡線　深綠色…240g、
直徑1.5cm的貝殼鈕釦…5顆
●**工具**　4/0號鉤針
其他為毛線針、鈕釦接縫用線等。
●**完成尺寸**　胸圍90cm　背肩寬35cm　長56.7cm
●**密度**　花樣編…26針×7.5段＝10cm正方形

線材原寸大小

編織POINT

由於是取2條織線，鉤織時須避免漏掉1條，尤其是長長針掛線2次再挑針鉤織時，務必多加留意。綴縫脇邊的織線只取1條，鎖針則是配合長針、長長針的高度來鉤織。

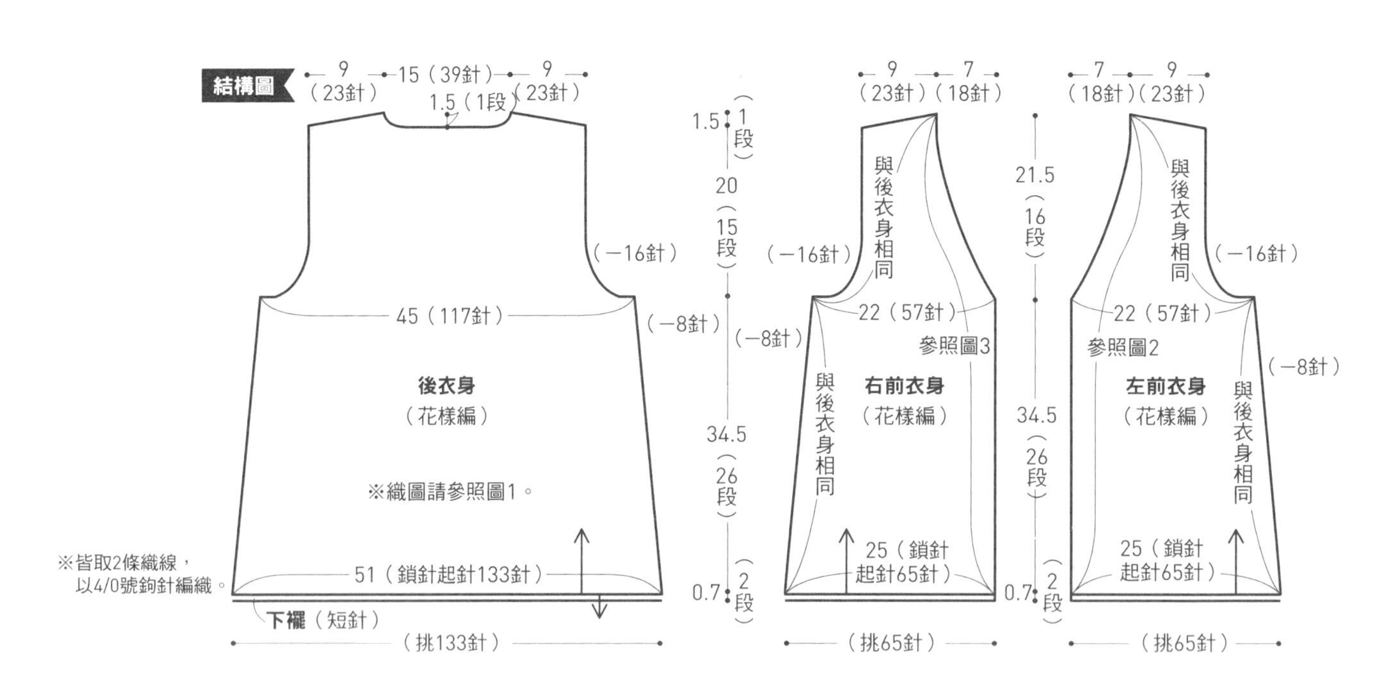

織法

衣身、短針皆取2條織線鉤織。

1　鉤織後衣身。起針處預留120cm長的線段，作為綴縫脇邊用線（另一端只需預留10cm即可）。取雙線鉤織，鎖針起針133針，參照圖1挑鎖針的半針與裡山鉤織花樣編。偶數段在前段的鎖針上鉤織時，是將鉤針穿入鎖針下方，挑束鉤織。兩肩的收針處皆預留40cm長的線段，作為肩線併縫用線（另一端只需預留10cm即可）。

2　鉤織前衣身。右前衣身起針處預留的線段與後衣身相同，分別留下10cm與120cm長的織線。左前衣身則是皆預留10cm即可。鎖針起針65針，依後衣身的要領鉤織，前襟．領口參照圖2（左前衣身）、圖3（右前衣身）鉤織。

3　進行肩線併縫、脇邊綴縫。織片正面相對疊合，分別以預留的織線接縫，肩部進行全針目的捲針縫，脇邊以鎖針與引拔針的綴縫縫合。

4　由下襬開始鉤織緣編。參照圖2，在左前衣身的下襬接線，沿前後衣身鉤織2段短針，織法是在起針的鎖針上挑束鉤織。繼續鉤織前立至領口，參照圖3，在右前衣身下襬的緣編接線，沿織段的邊端針目挑束鉤織，一邊鉤織3段，一邊於右前立上開鈕眼。袖襱參照圖1，在脇邊接線，以往復編的輪編鉤織3段。最後在左前立接縫鈕釦。

前立．領口．袖襱
（短針）

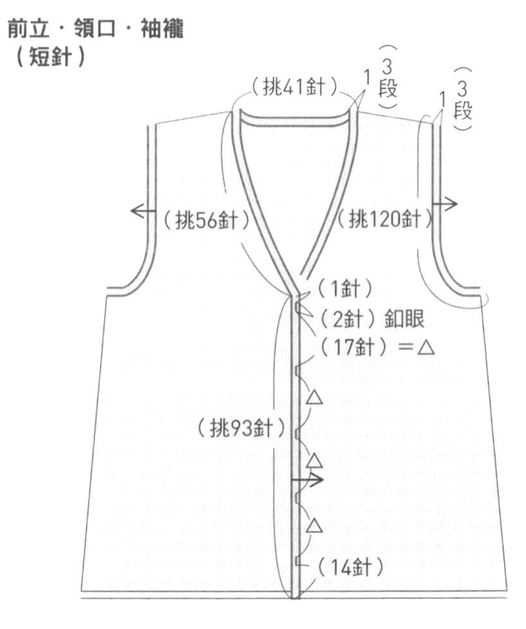

圖1 後衣身織圖

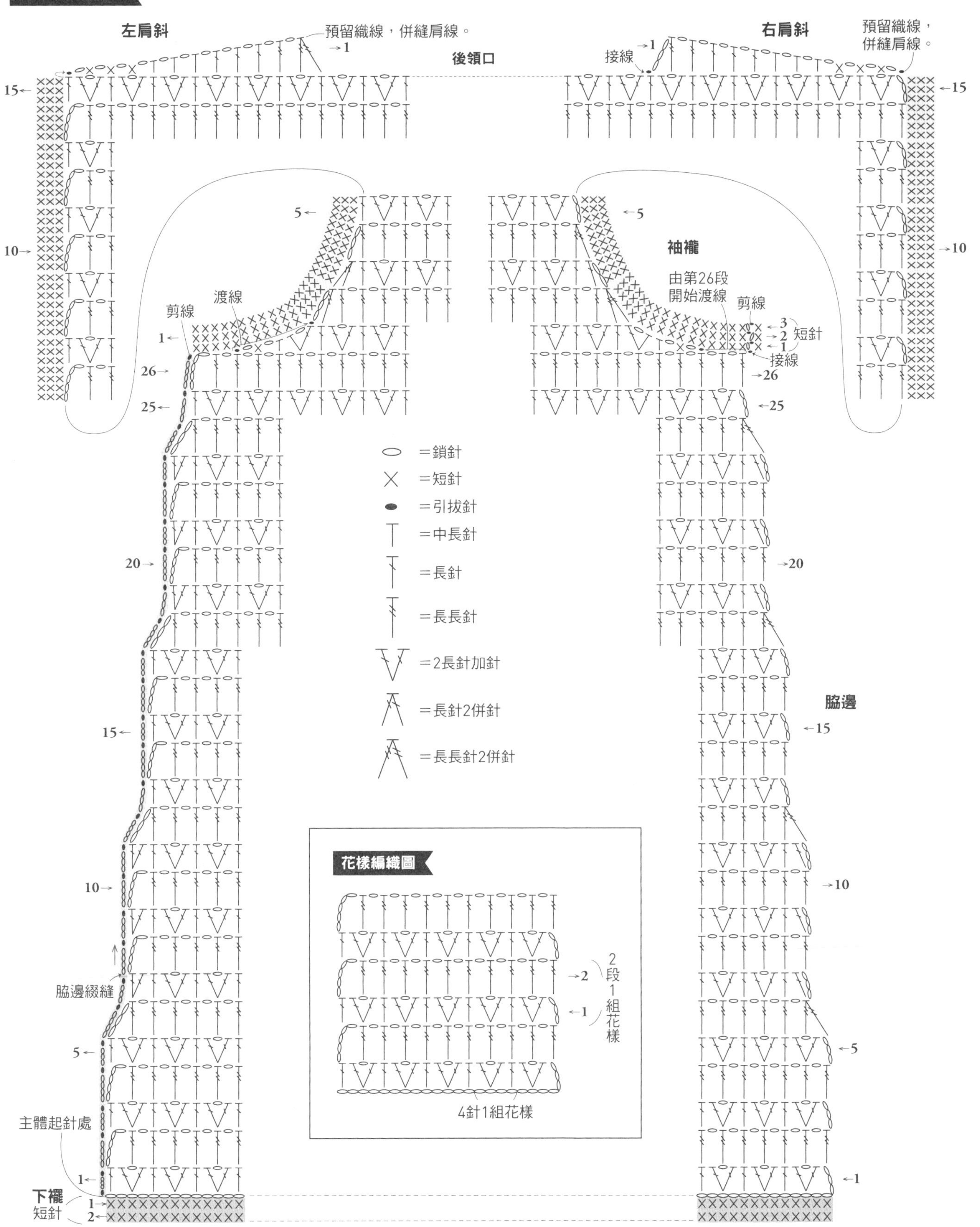

左肩斜
預留織線，併縫肩線。
後領口
接線
右肩斜
預留織線，併縫肩線。
袖襱
由第26段開始渡線
剪線
渡線
短針
接線
=鎖針
=短針
=引拔針
=中長針
=長針
=長長針
=2長針加針
=長針2併針
=長長針2併針
脇邊
脇邊綴縫
主體起針處
下襬
短針
花樣編織圖
2段1組花樣
4針1組花樣

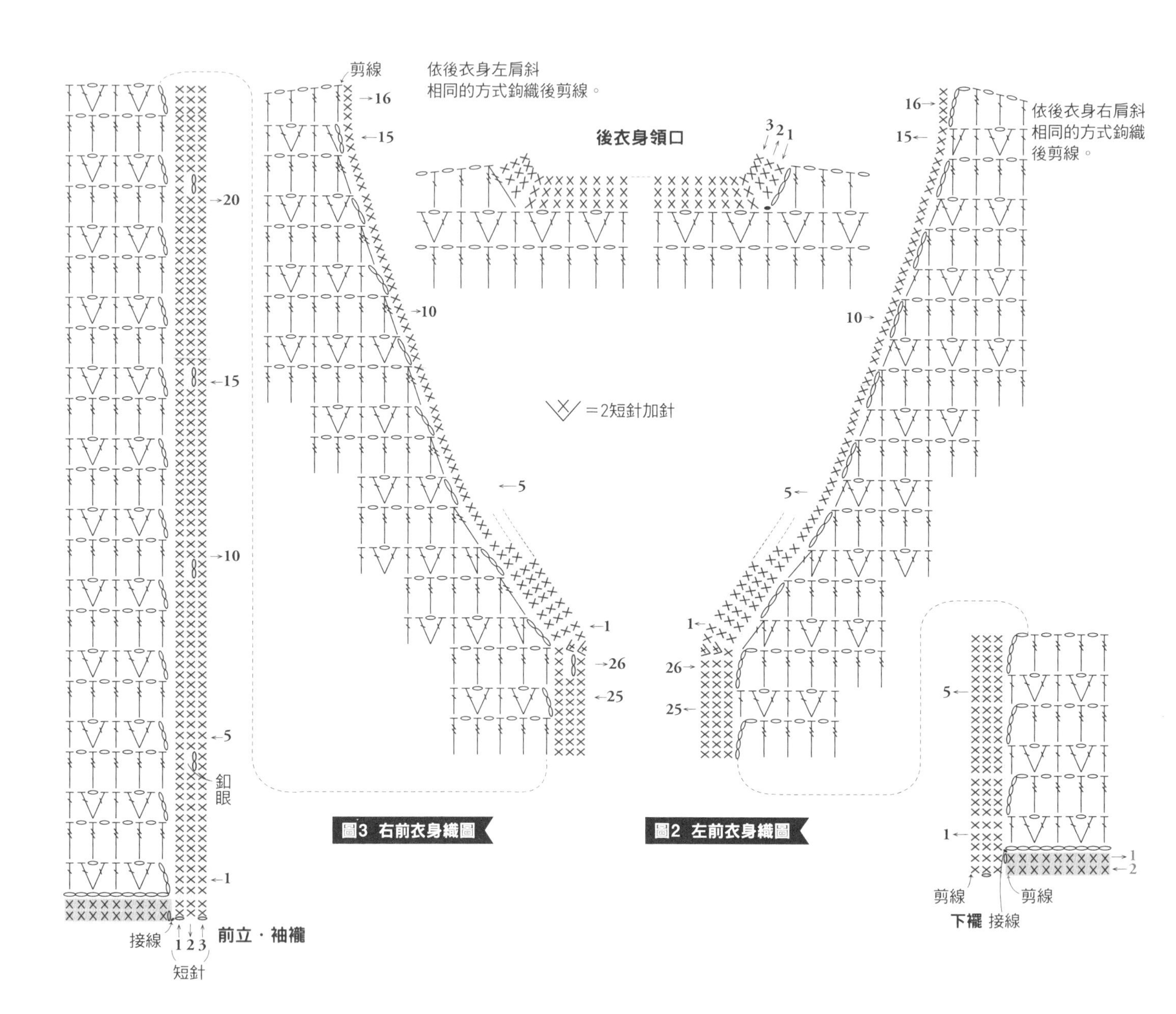

P.16
花樣織片蓋毯

難易度

●**材料** 合太羊毛線 粉紅色、胭脂紅、柿色、橘色、黃鶯色、深粉紅、紅色、鮭魚粉、草綠色、淺綠色、深紅色、桃紅色、芥末黃、冰綠色、黃綠色、淺粉紅、黃色、薄荷綠、綠色、淺藍色、檸檬黃、淺水藍、土耳其藍、藍色、水藍色…各10g
淺杏色…200g

●**工具** 5/0號鉤針 其他為毛線針等。

●**完成尺寸** 寬74cm 長83cm

●**花樣織片的尺寸** 9×9cm

●花樣織片的配色請參照P.90。

編織POINT

為了避免中心線圈鬆散變形，中心的鎖針須緊密鉤織。每段皆更換色線，因此將收針處引拔固定後，再鉤1針鎖針，剪線。起針處與收針處皆以半回針縫的要領，在同色長針中進行收針藏線。

線材原寸大小

結構圖

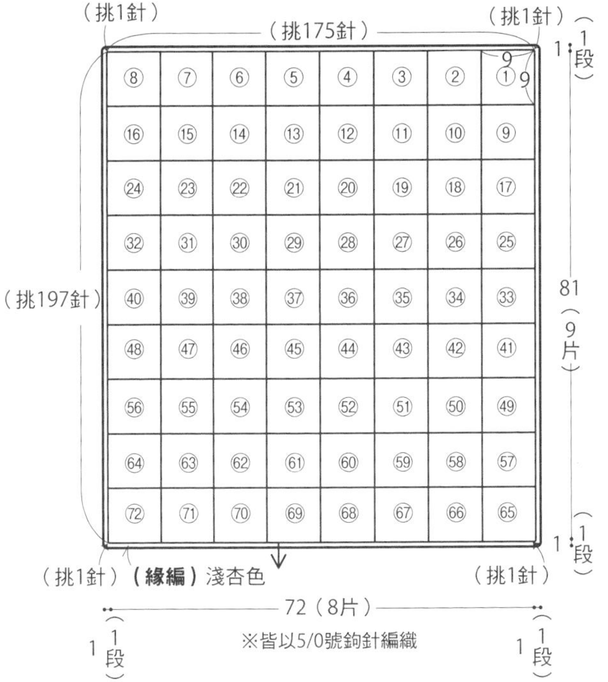

花樣織片的織法

1 鎖針起針4針，在起針處的鎖針鉤引拔接合成圈。第1段先鉤3針鎖針為立起針，再鉤2針鎖針後，鉤針穿入鎖針的環圈內，重複鉤織3次「3針長針、2針鎖針」。接著再鉤2針長針，挑立起針的第3針鎖針鉤引拔針，再次引拔後，預留3cm的線段，剪線。

2 第2段是將鉤針穿入前段鎖針下方，挑束接線。鉤織5針鎖針後，參照織圖鉤織（收針處、起針處的線端皆包裹鉤織3針，餘下線頭依半回針縫的要領，穿入針目中藏線）。鉤織終點的2針長針，是在前段的起始2鎖針挑束鉤織。第3段、第4段同樣每段更換色線鉤織。花樣織片共鉤織72片至第4段為止。

3 第5段參照「花樣織片的拼接方法與緣編」，在鉤織的同時一邊進行拼接。第5段的鉤織終點是挑立起針的第3針鎖針作引拔，再次掛線後，鉤織1針鎖針。收針之後，將織線穿入背面的長針中藏線。

花樣織片織圖

○＝鎖針
●＝引拔針
長針符號＝長針
▶＝剪線
▷＝接線

※第1至4段請參照配色表（P.90）鉤織，第5段以淺杏色鉤織的同時，一邊進行拼接。

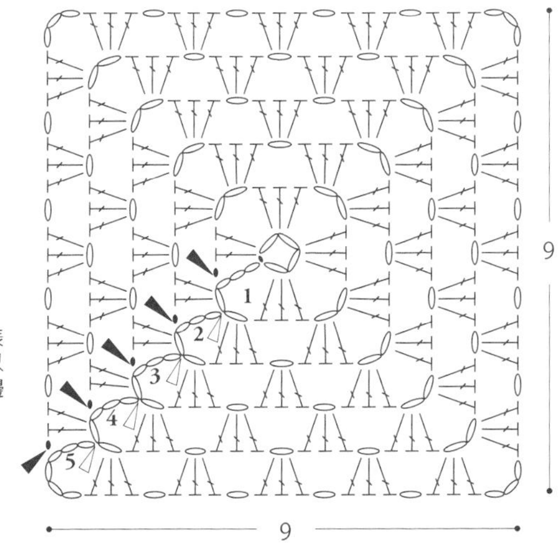

花樣織片的拼接方法與緣編

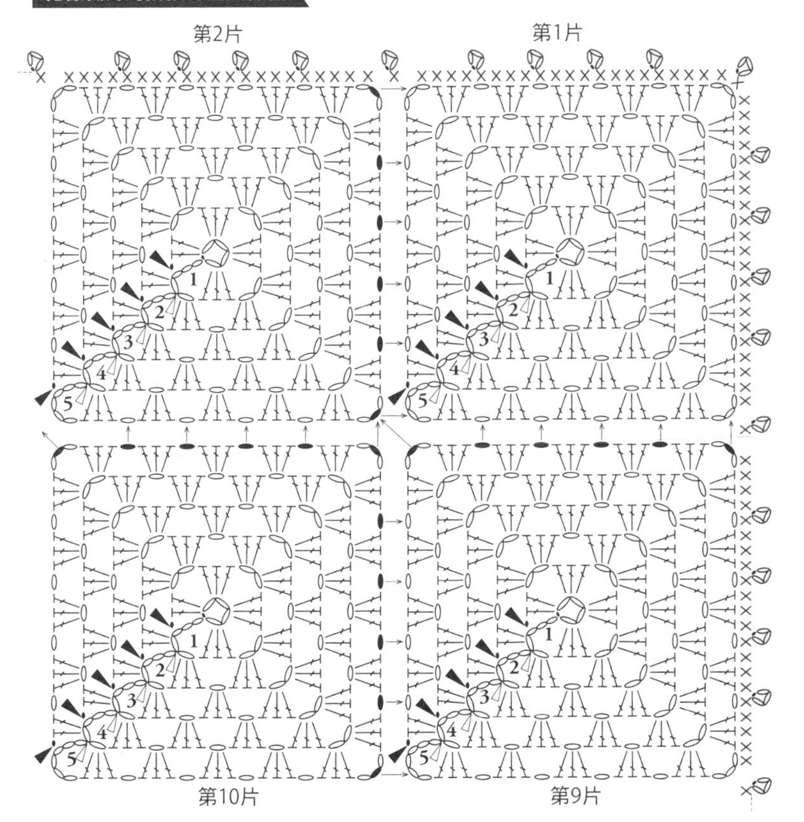

花樣織片的拼接方法

X＝短針
＝3鎖針的結粒針

收針處是與最初的短針進行鎖針接縫。

緣編

第72片

起針處

花樣織片的拼接方法

第5段拼接處的鎖針，是在鉤織途中，將鉤針由上往下穿入相鄰織片的鎖針內側，挑束鉤織引拔針接合。依結構圖內①至⑫的順序，在鉤織的同時一邊拼接。第9片與第1片接合，左上角則拼接於第2片的引拔針上。第10片的右上角也拼接於第2片的引拔針上。後續的四角皆以相同方式拼接。鉤織至第72片時，不剪線，以1針鎖針作立起針，接續鉤織緣編，僅前段的鎖針為挑束鉤織。織片與織片拼接的部分則是穿入兩織片之間鉤織。收針處預留10cm長的線段後剪線，穿入毛線針。挑起針處短針針頭的2條線，再穿回最後一針的針目中央，縫成鎖狀（鎖針接縫），於背面進行收針藏線。

P.24
織入花樣腕套

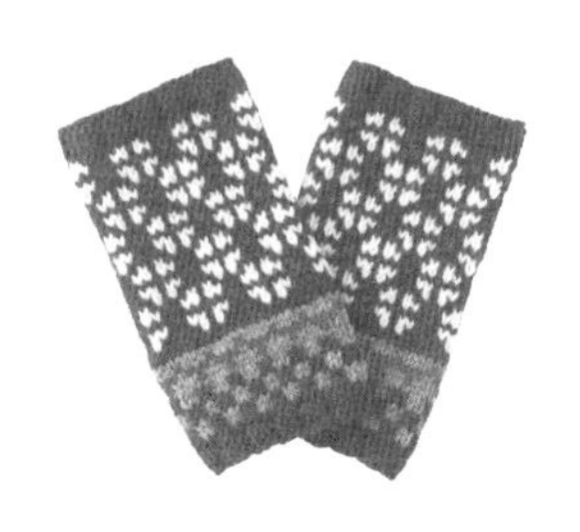

難易度

- **材料**　並太羊毛線
  綠色…35g、灰色…10g、
  米白色…10g、紅色…5g
- **工具**　6號短棒針4枝
  其他為7號單頭棒針1枝（起針用）、
  毛線針、段數記號環等。
- **完成尺寸**　手圍19cm　長18cm
- 密度　織入花樣A・B…25針×27段
  ＝10cm正方形

編織POINT

雖然是4色的織入花樣，但每一段僅以2色編織。輪編方式的花樣也簡單易懂，休針的織線須注意渡線時不可過緊，讓織片保持彈性的編織。另外還要注意底色線與配色線的渡線，避免上下混肴。

線材原寸大小

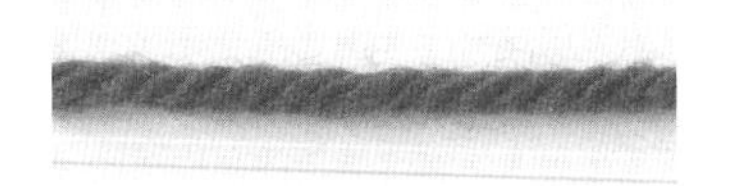

織圖

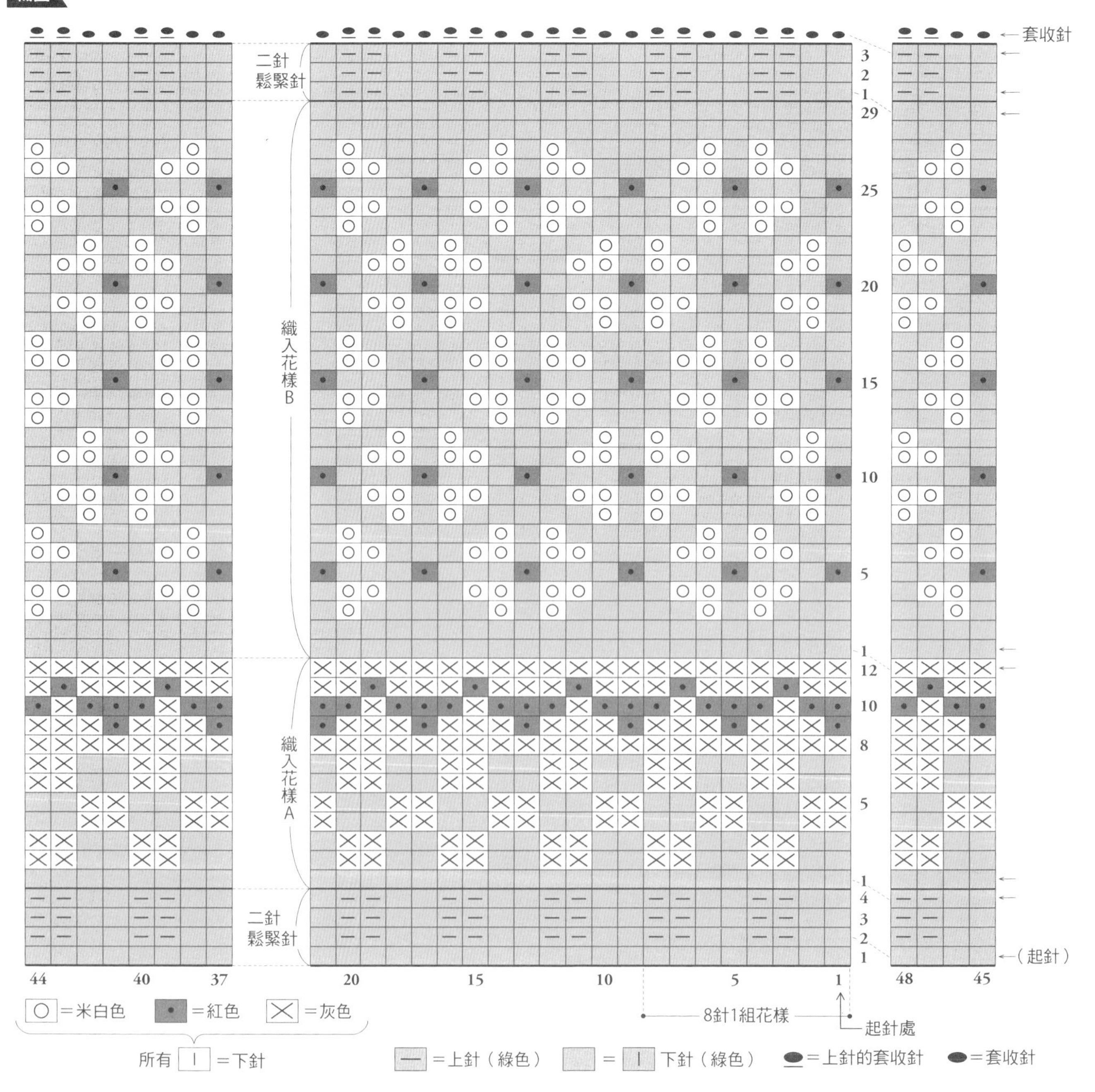

織法

編織2個相同的織品。

1 手指掛線起針法起48針（7號棒針1枝），各16針均分於3枝6號棒針上，接合成環狀。以二針鬆緊針編至第4段。

2 參照織圖織入花樣。由於是看著織片正面編織的輪編，因此織入花樣皆以下針編織。在段與段的交界處加上段數記號環作記號。

3 最後3段織二針鬆緊針，收針段依前段針目織下針或上針的套收針。套收針完成後，由針目中引拔織線，穿入毛線針，挑起最初的套收針針目，再穿回最後的套收針針目，製作鎖針（鎖針接縫）。於背面收針藏線，起針側的線端也以相同的方式處理，進行藏線。

織入花樣的注意要點

本作品以綠色為底色線，其他色線為配色線製作。織入花樣A的8至12段，以灰色為底色線，紅色為配色線。橫向渡線後更換色線，並且統一以底色線在下、配色線在上的原則進行。渡線時須避免歪斜或是過於鬆弛，保持一定的長度渡線。由於輪編的織入花樣很容易歪斜，因此須稍微寬鬆的渡線。

結構圖

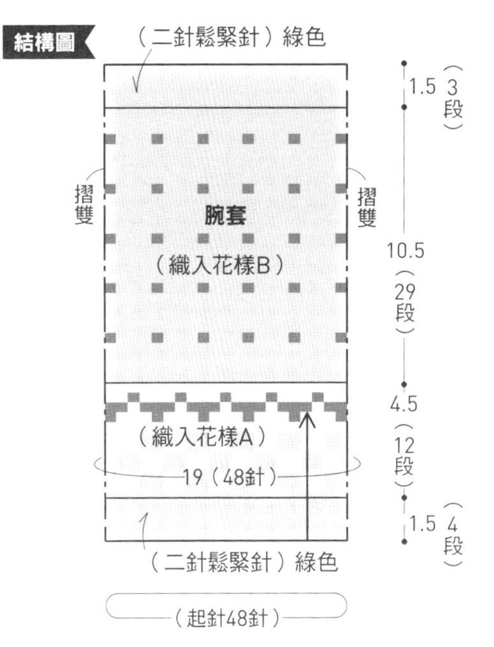

※以6號棒針編織（起針為7號棒針）。

P.26
市松花樣蓋毯

難易度

●**材料**　極太羊毛線　酒紅色…550g

●**工具**　8號單頭棒針2枝、7/0號鉤針
其他為9號單頭棒針1枝（起針用）、毛線針等。

●**完成尺寸**　寬79.5cm　長110cm

●**密度**　花樣編…16.5針×27段＝10cm正方形

線材原寸大小

結構圖

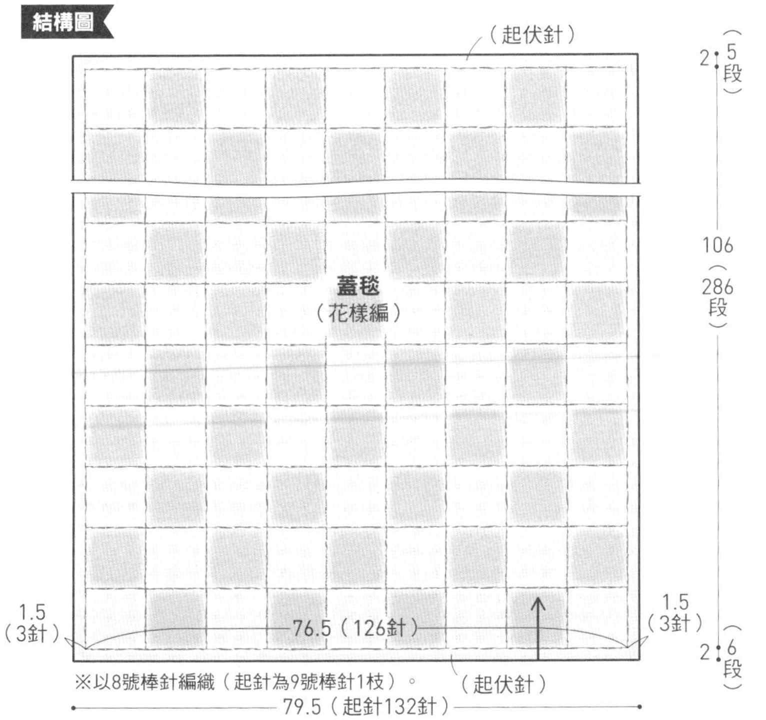

※以8號棒針編織（起針為9號棒針1枝）。

織法

1 手指掛線起針法起132針（9號棒針1枝），接著改換成8號棒針，編織6段起伏針。之後參照織圖，以兩端起伏針、中間花樣編的方式進行編織。花樣編是交錯編織平面針與起伏針構成的市松花樣。平面針與起伏針的交界處要織得較為緊實，成品才會整齊漂亮。

2 編織286段花樣編，再織5段起伏針。收針段以7/0號鉤針進行引拔收縫。

織圖

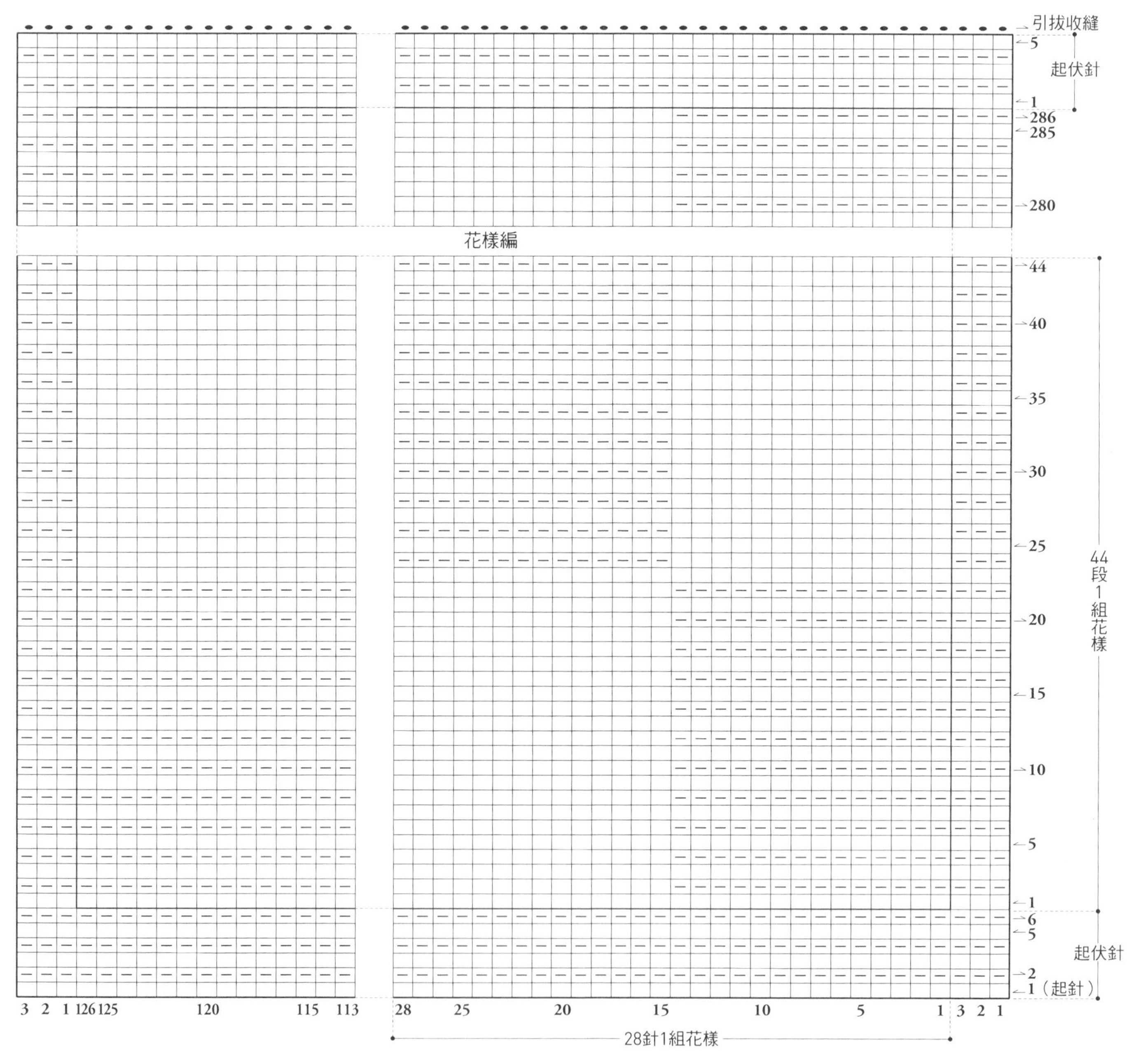

—＝上針　□＝｜下針　•＝引拔收縫

編織POINT

僅使用下針與上針就能編織出簡單又好看的花樣。由於起針側與收針側皆是只有起伏針，只要織得稍微緊實，即可完成漂亮的作品。由於兩側邊緣也是不另行修飾的原樣，途中接線時須於背面且較為內側處進行。

P.28
雪花結晶花樣披肩

難易度 ◎◎

●**材料**　並太混紡線　灰色…115g
●**工具**　6/0號鉤針
　其他為毛線針等。
●**完成尺寸**　寬約33cm　長約138cm
●**密度**
　長12.5（13）×寬11.5（11）cm
　※（　）內為縱向延展時的尺寸

線材原寸大小

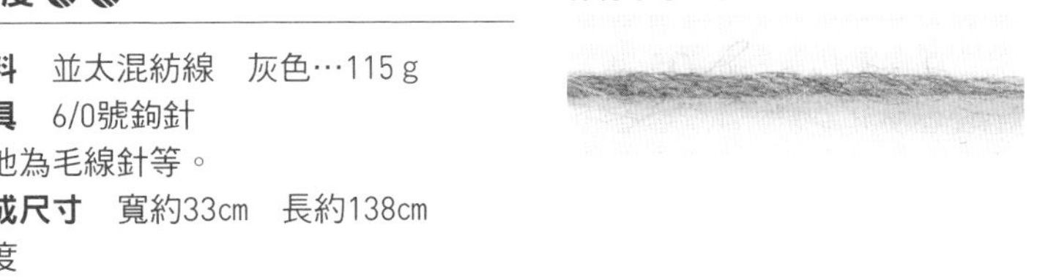

織法

1　鎖針起針4針，挑起針處的鎖針鉤引拔針，連接成環。第1段，先鉤3針鎖針為立起針，接著將鉤針穿入鎖針環中，鉤織2長針的玉針。重複5次「5針鎖針、3長針的玉針」後，鉤織5針鎖針，在起針的玉針針頭挑針，鉤引拔針。

2　第2段，鉤針穿入鎖針下方，挑束鉤引拔針（移動起針的立起針位置）。鉤3針鎖針為立起針，接下來參照織圖繼續鉤織。第4段的收針處是挑鉤織起點的短針針頭引拔，再一次掛線，引拔。

3　將織線穿入背面，藏於短針與玉針中，再依半回針縫的要領，穿入針目中固定，剪斷多餘線頭。

4　參照花樣織片的拼接方法，一邊鉤織42片的花樣織片，一邊拼接相鄰織片。

結構圖

花樣織片拼接

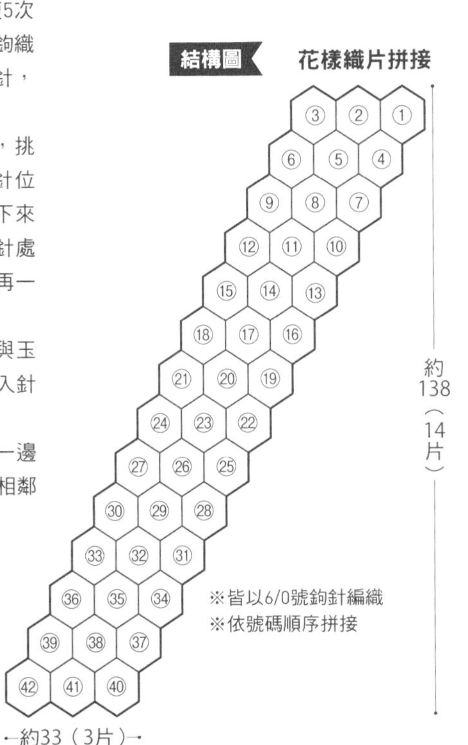

織圖

○＝鎖針
●＝引拔針
＝2長針的玉針（挑前段的整條鎖針束鉤織）
＝3長針的玉針（挑前段的整條鎖針束鉤織）
╳＝短針
▼＝剪線

編織POINT

製作鎖針的輪，再以3長針的玉針作出6處V字空間，形成六角形的織片。統一收針處的位置，繞圈般的拼接織片吧！花樣織片一片時雖是六角形，但是只要縱向拼接，就能延展成長條狀。

花樣織片的拼接方法

第2片之後，一邊鉤織第4段，一邊在相鄰織片的指定拼接鎖針上挑束，鉤織引拔針接合。線端處理則是分別在各個織片上進行。

P.30
花朵胸針領圍

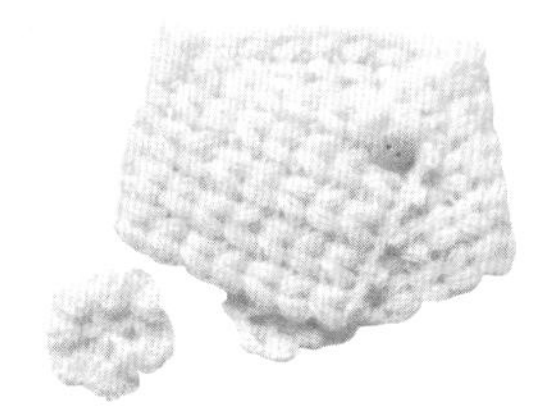

難易度

●**材料**　並太混紡線　米白色
領圍…60g、胸花…5g、
直徑2.4cm鈕釦1顆、2.5cm胸針1個
●**工具**　10/0號鉤針
其他為毛線針等。
●**完成尺寸**　領圍…寬12.5cm　長58cm
胸花…直徑約8cm
●密度　花樣編…4花樣×5段＝10cm正方形

線材原寸大小

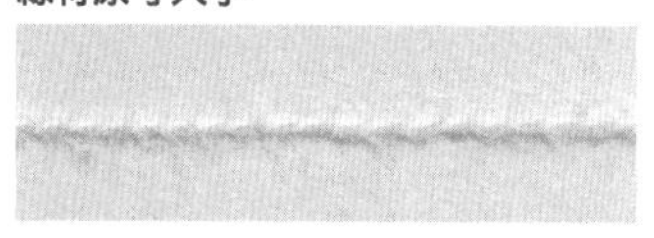

領圍織法

皆取2條織線編織。

1　鎖針起針17針，鉤3針鎖針為立起針，挑鎖針半針與裡山的2條線，鉤織花樣編。第1段的花樣編是在1針鎖針上，挑半針與裡山鉤織4中長針的玉針，第2段以後則是穿入前段鎖針下方，挑束編織。

2　鉤至第28段之後，接續鉤織緣編。緣編同樣是在前段的鎖針上挑束鉤織。

3　在起針側接線，鉤織緣編（鉤織玉針的針目是挑鎖針半針；起針的鎖針則是挑束鉤織）。

4　依結構圖的指定位置接縫鈕釦。

結構圖

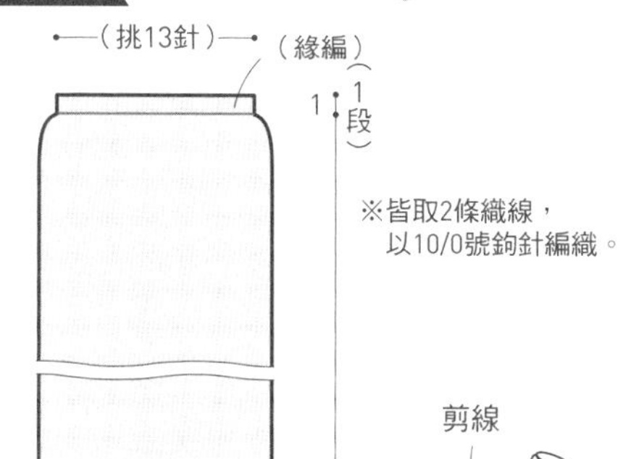

領圍織圖

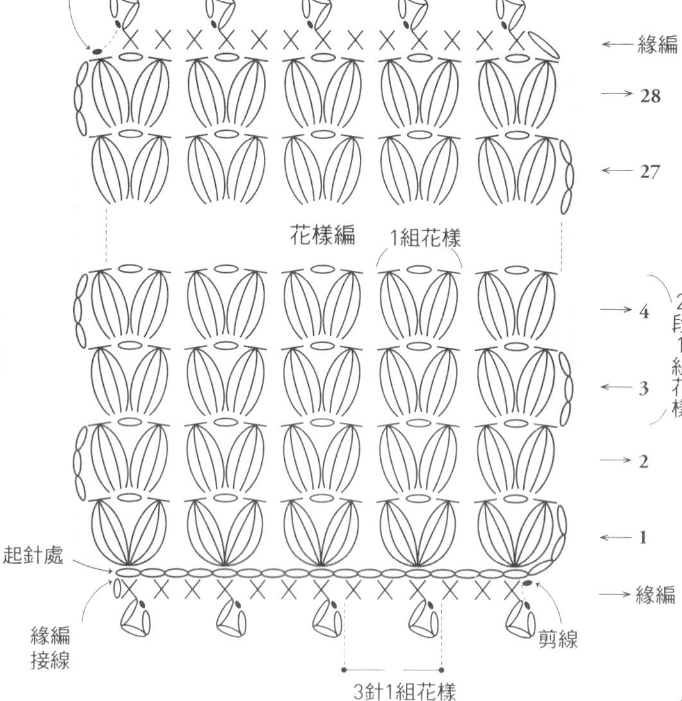

編織POINT

以4中長針的玉針與鎖針進行鉤織。為了作出蓬鬆鼓起的玉針，掛線時要將織線長長地鉤出；引拔針目時則是要確實地拉緊。

胸花織法

皆取2條織線編織。

1　鎖針起針4針，挑起針處的鎖針引拔，連接成環。

2　第1段，鉤2針鎖針為立起針，鉤針穿入鎖針的環中，重複鉤織6次「3中長針的玉針、2針鎖針」。在中長針的玉針針頭鉤引拔針，結束本段。

3　第2段，挑鎖針束引拔（移動起針的立起針位置）。先鉤2針鎖針為立起針，接著在前段的鎖針上挑束，鉤織7次「1針鎖針、1針中長針」。下一片花瓣同樣是挑前段的鎖針束，鉤織8次「1針鎖針、1針中長針」。如此重複直到織完所有花瓣。織完鉤織終點的1針鎖針後，挑立起針的第2針鎖針鉤引拔，進行收針藏線。

4　於背面接縫胸針。

胸花織圖

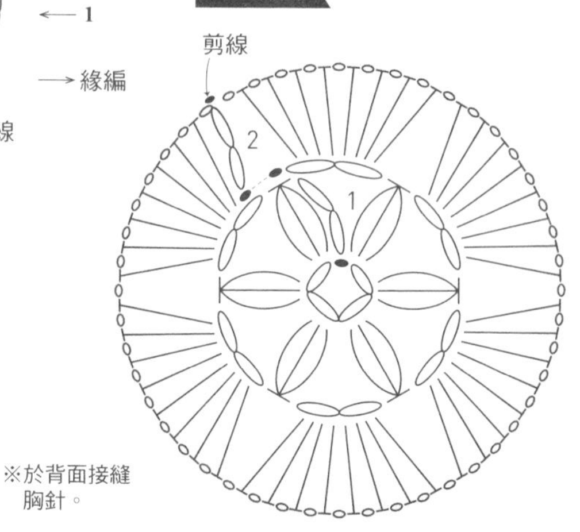

※於背面接縫胸針。

＝中長針　＝3中長針的玉針

P.32
格紋小肩包

難易度 ●●●

- **材料**　合太羊毛線　深綠色…33g、藍色…21g、黃綠色…11g、水藍色…6g、茶色…4g、芥末黃…2g、直徑1.4cm的磁釦1組
- **工具**　4/0號鉤針、6/0號鉤針　其他為毛線針等。
- **完成尺寸**　寬18cm　高18.5cm
- **密度**　花樣編…26針×31段＝10cm正方形

線材原寸大小

主體織圖

⚹ 在短針的背面，每1段挑1針鉤織引拔針。

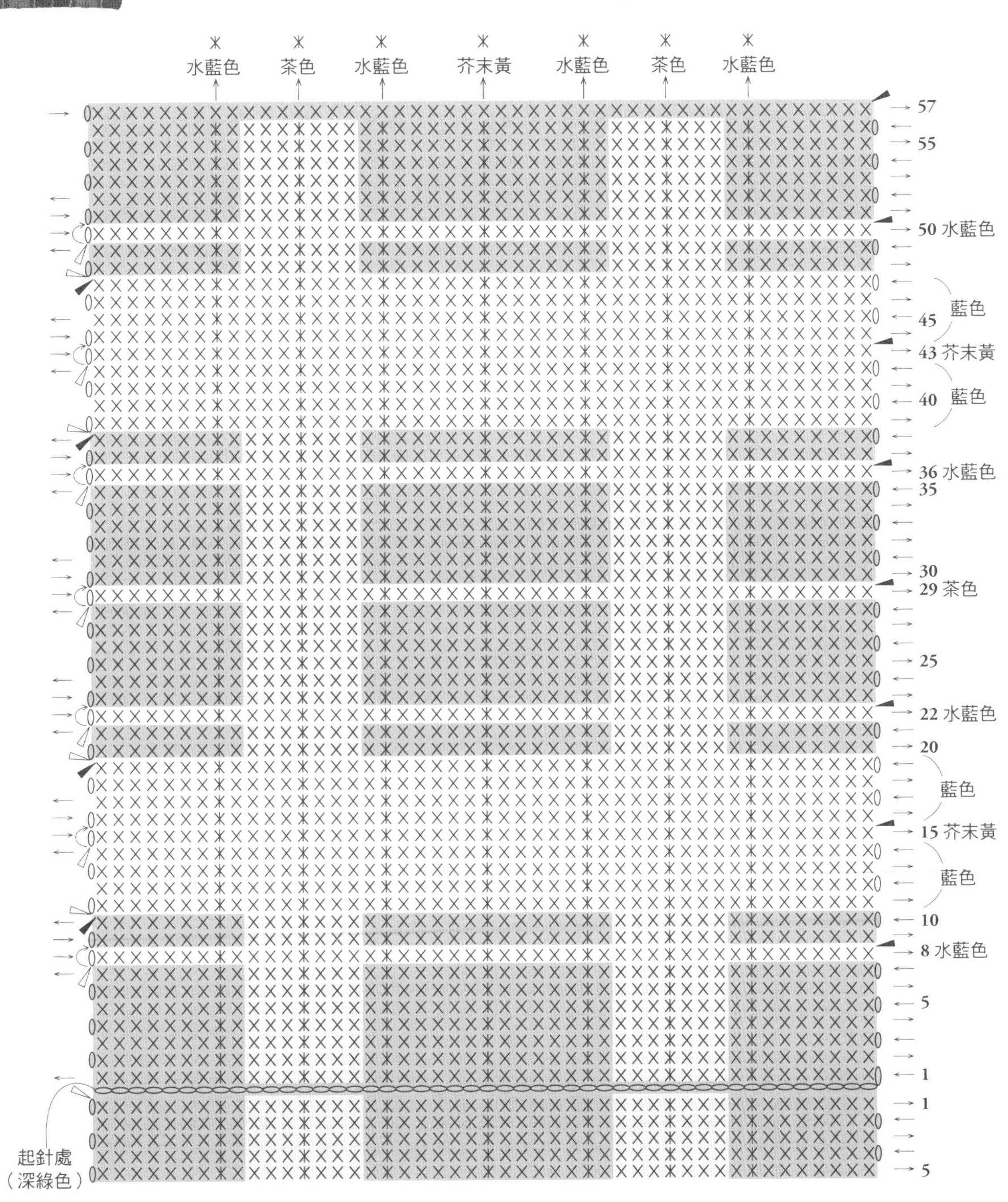

⬭ ＝鎖針

✕ ＝短針

▷ ＝接線

◀ ＝剪線

▒ ＝深綠色

░ ＝黃綠色

結構圖

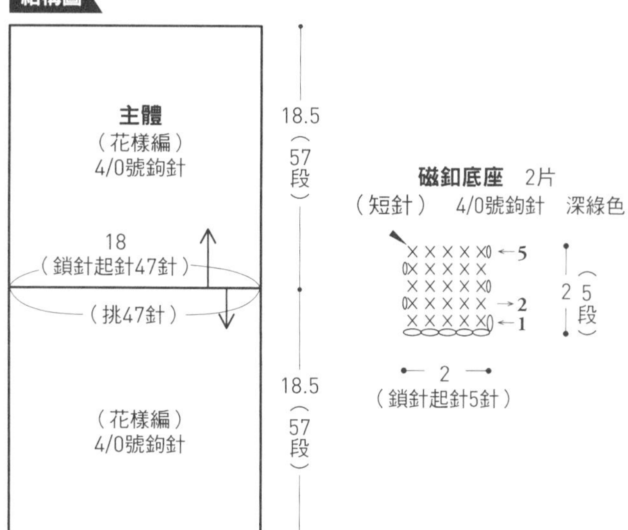

織法

花樣編是以縱向渡線的方式鉤織短針（參照下方步驟圖）。儘可能不剪線地繼續鉤織，請注意，中途會改變鉤織方向。可先將1球深綠色重新捲線分成3球，黃綠色重新捲線分成2球。

1 使用4/0號鉤針，以深綠色鉤鎖針起針47針。挑鎖針半針與裡山開始鉤織花樣編。第1段為深綠、黃綠、深綠、黃綠、深綠，分別接上線球鉤織。於起針側接線鉤織1段的各色橫條紋，收針側剪線。

2 另一側是挑起針的半針鉤織，與先前織好的部分對稱鉤織。

3 依織圖指定位置，從背面鉤織縱向的引拔針線條。

4 兩側脇邊是將織片正面相對疊合後，鉤引拔綴縫固定。

5 提把是由脇邊的綴縫位置，取1條深綠色與1條藍色的雙線鉤織，以鎖針編織115至120cm長，於另一側鉤引拔針固定。

6 使用4/0號鉤針，以深綠色鉤織磁釦基底，將磁釦縫於基底上，再以藏針縫接縫於主體。

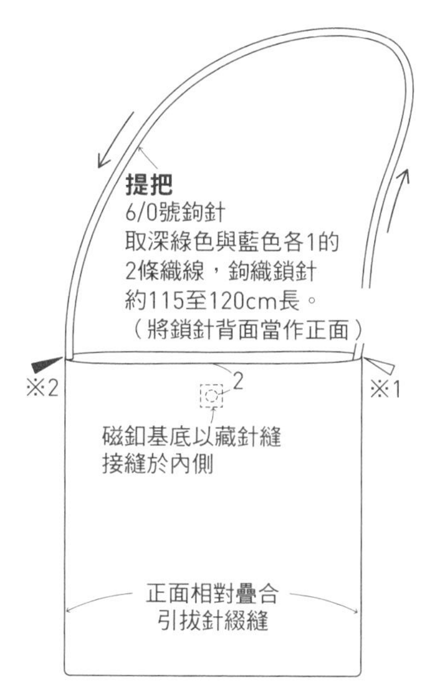

※1 鉤針穿入脇邊的綴縫針目內側，掛線鉤出，織1針鎖針。線端穿至背面，收針藏線。

※2 鉤針穿入脇邊的綴縫針目內側，掛線鉤出，織引拔針固定。線端穿至背面，進行收針藏線。

編織POINT

由袋底開始鉤織。鎖針起針，第1段就開始更換色線，鉤織短針。更換色線時，要避免前一色的短針針頭鬆弛，鉤針掛下一色線，鉤出，進行換色。

縱向渡線的配色織法

1

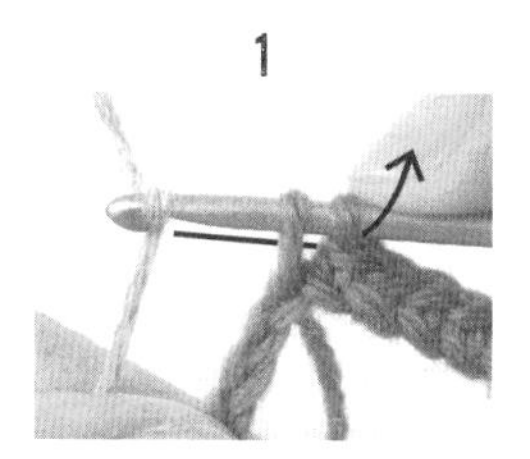

第1段，深綠色的第9針鉤織未完成的短針，織線置於下方暫休針。改以黃綠色線掛於鉤針上鉤出。

2

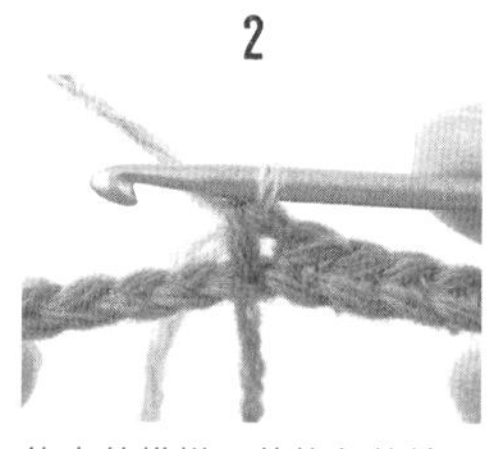

鉤出的模樣。黃綠色的線頭置於外側暫休針。

3

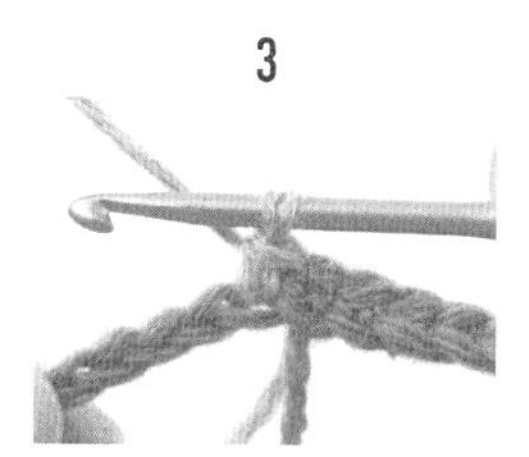

以黃綠色線在起針的鎖針上挑針，繼續鉤織短針。

4

要將黃綠色線換回深綠色線時，同樣依步驟1、2的方式更換織線。

5

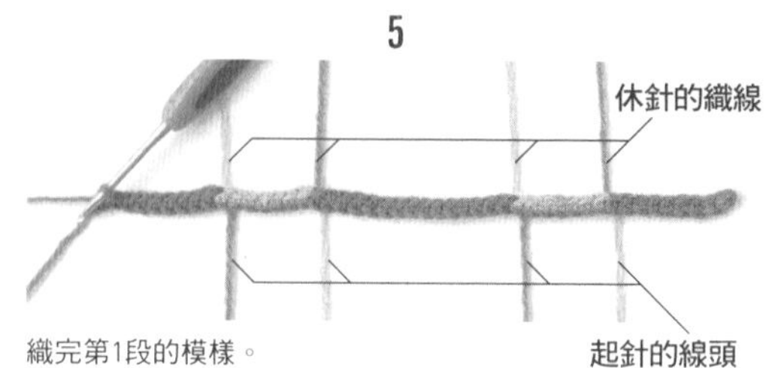

織完第1段的模樣。

6

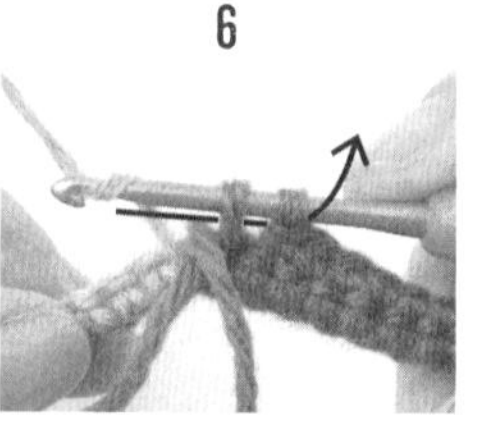

第2段是翻至背面鉤織，因此更換織線時，要將深綠色線置於內側暫休針，換成黃綠色。

7

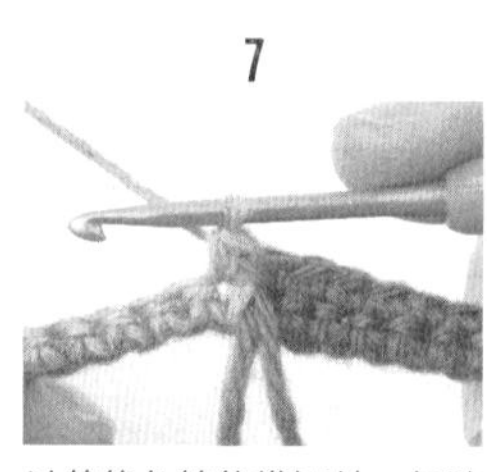

以黃綠色線鉤織短針。無論何時換線都是將休針的織線置於內側，再行更換。

8

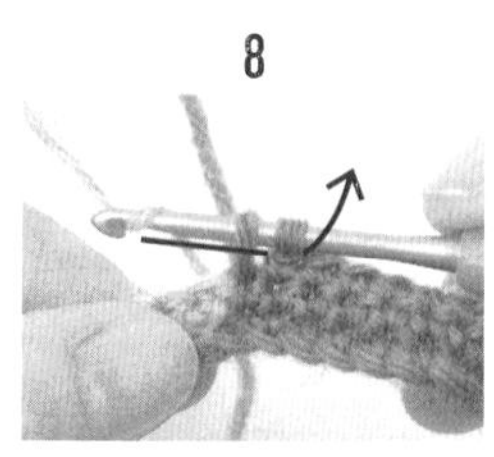

第3段再度翻回正面鉤織，因此休針的織線置於外側，再更換織線。

P.34

鳳梨花樣小方包

難易度 ●●●

●**材料** 中細亞麻線
水晶藍…75g

●**工具** 4/0號鉤針
其他為毛線針等。

●**完成尺寸** 寬24cm 高28cm

●**密度** 花樣編…30針×14段
＝10cm正方形

線材原寸大小

※皆以4/0號鉤針編織

結構圖

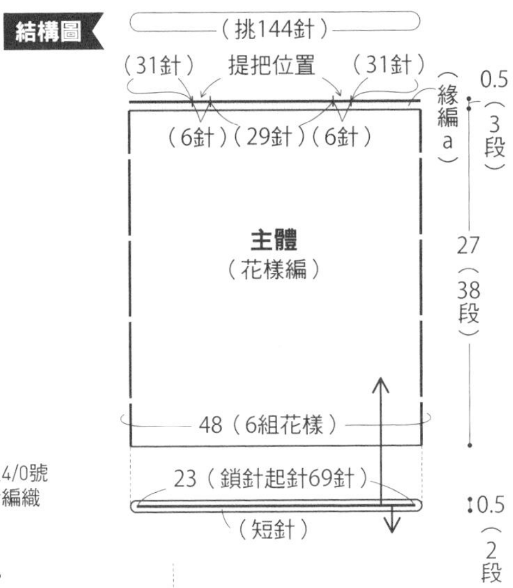

織圖

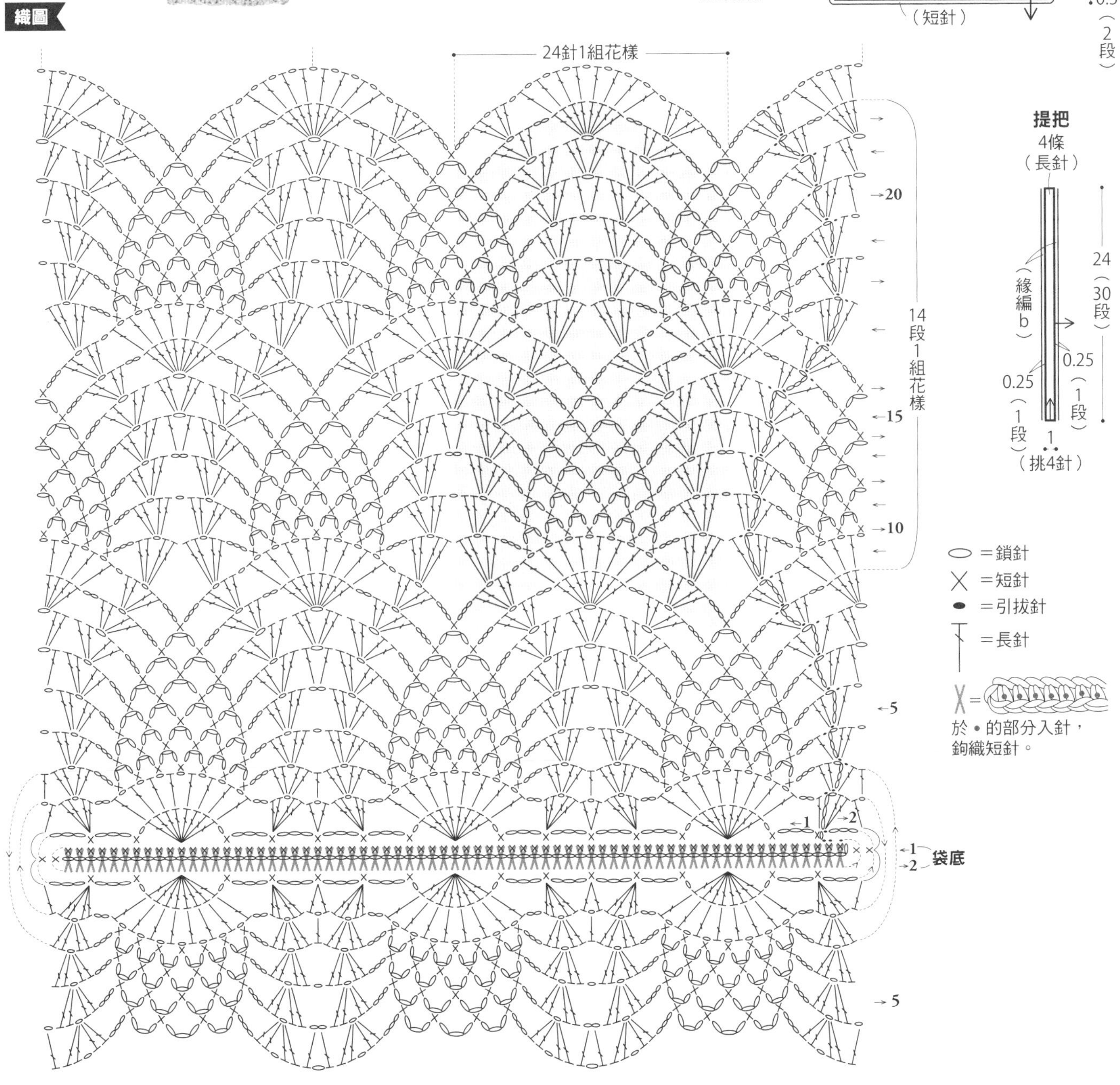

織法

1　從袋底開始鉤織。鎖針起針69針，鉤立起針的1針鎖針，挑鎖針半針與裡山鉤織短針。在第69針的同一鎖針中，再鉤織1針短針，另一側則是鉤織第2段的短針。第2段的短針是穿入針腳中央，保留第1段短針針頭，其餘完全包裹鉤織（記號圖的╳）。邊端處同樣鉤織1針短針。

2　開始鉤織主體。鉤織起點的前3針，是挑短針針頭鉤引拔針，移動立起針的位置。在袋底的短針上挑針鉤織花樣編，進行輪編的往復編（每鉤織1圈即翻面改變鉤織方向）。調整第1至3段鳳梨之間的花樣，避免間隔過大。以引拔針調整立起針的位置。第38段依下列織圖鉤織。

3　接續鉤織緣編a。第1段鉤織短針與3針鎖針，整平花樣編的凹凸輪廓。第2、3段則是鉤織短針。

4　鉤織提把。預留350cm長的線段後，在指定位置接線，在緣編a的短針上挑針，於4處各鉤織30段的長針。提把兩兩對齊，中央以全針目的捲針縫拼接。接著在提把兩側，以預留的線段鉤織緣編b。

編織POINT

袋底為起針針目，先鉤織1段短針，再轉至另一側，將已織好的短針包裹編織似地鉤織1段。在鳳梨花樣之間的花樣處作立起針，每段翻面更改鉤織方向，進行輪編。

第38段&緣編&提把的織圖

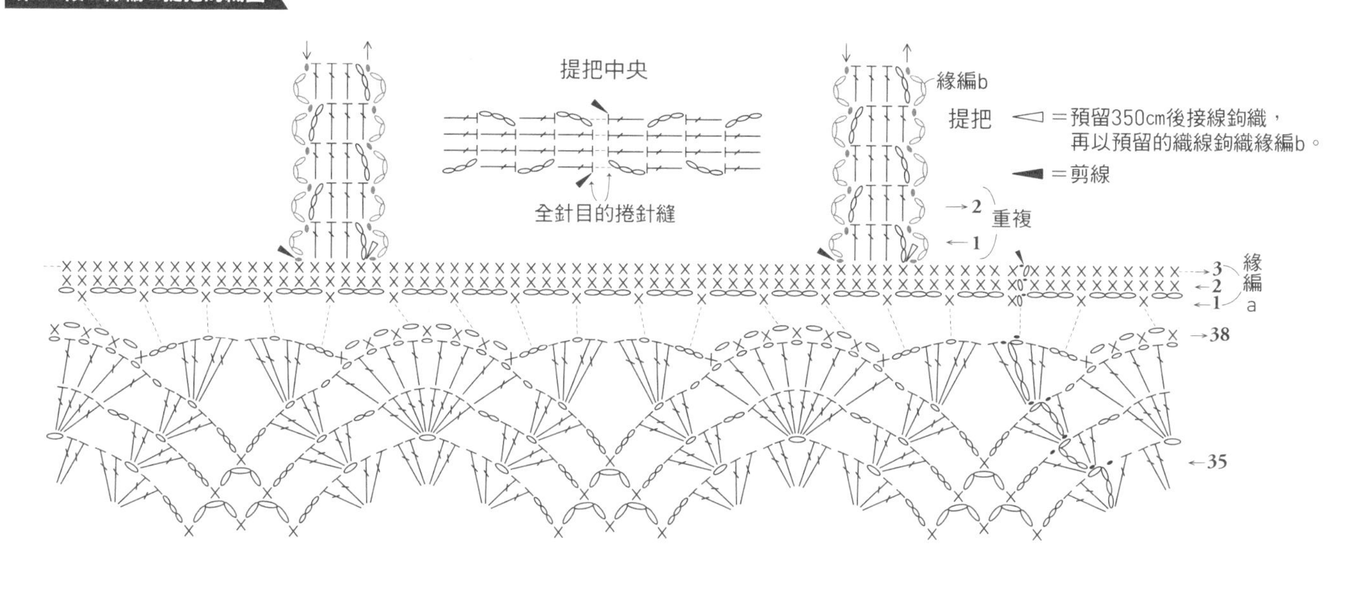

P.35
夏日提袋

難易度

●**材料**　中細人造絲線　紅色、原色…各60g
●**工具**　6/0號鉤針　其他為毛線針等。
●**完成尺寸**　寬26cm　高26.5cm
●**密度**　短針…17針×18段＝10cm正方形

線材原寸大小

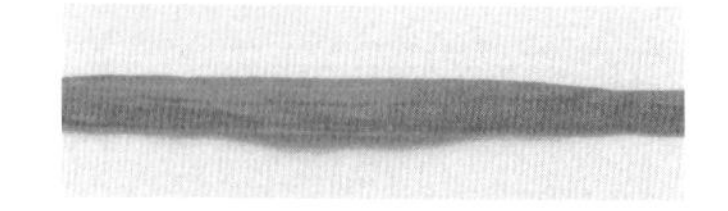

織法

1　主體取紅色與原色各1條的雙線鉤織。鎖針起針45針，自袋底上下分開鉤織。挑鎖針半針與裡山鉤織短針，鉤至提把開口位置的第39段第12針為止，接著跳過前段的21針不織，改鉤21針鎖針，再繼續鉤織12針短針。

2　第40段鉤至第12針後，挑前段鎖針的半針與裡山鉤織短針。接續鉤織至第48段為止。預留50cm長的線段作捲針縫，剪線。

3　在起針針目的另一側接線，挑餘下的鎖針半針，依上側的要領鉤織。

4　以袋底為準，背面相對對摺，脇邊兩織片各挑1針，1對1段以捲針縫綴縫。

5　葉片與莖的織片是取2條原色鉤織。鎖針起針11針，挑鎖針半針與裡山鉤織葉片半邊。接著繼續挑鎖針的餘下半針，鉤織另外半片，並且在中央的起針針目上鉤織作為葉脈的引拔針。接續鉤織莖的鎖針，以及另一片葉子。

6　果實是取2條紅色織線進行鉤織。輪狀起針後依織圖鉤織果實，縫合固定於葉片的接縫處。

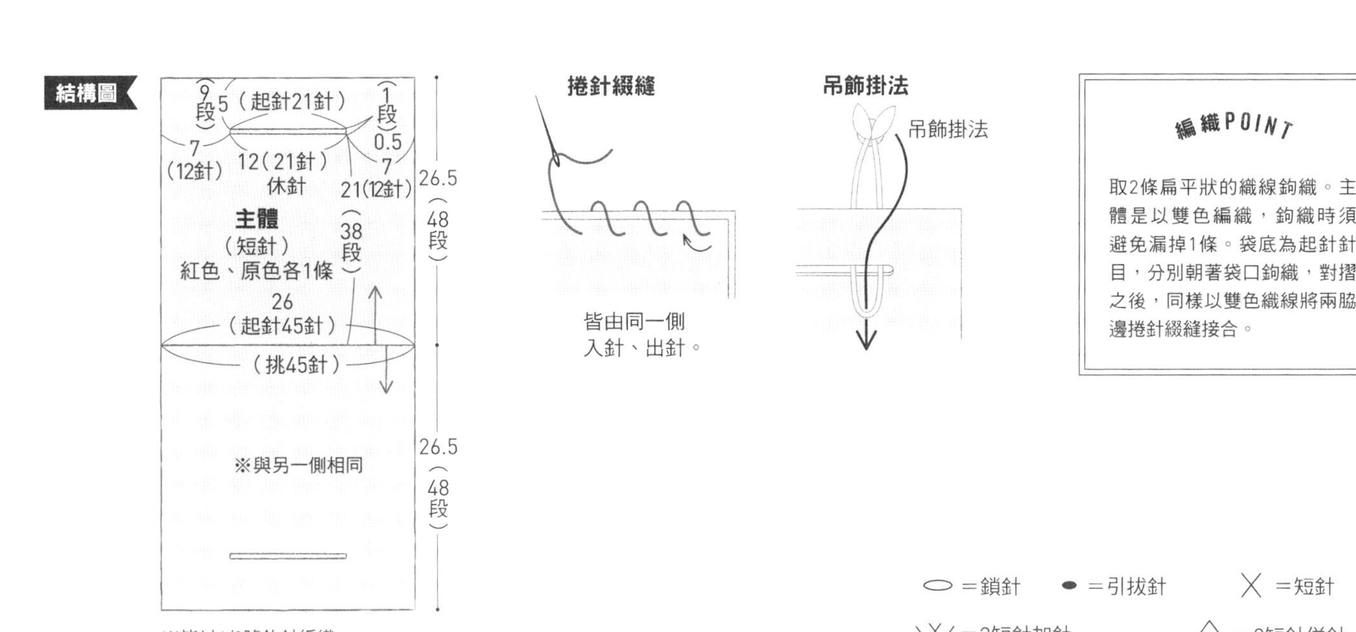

○＝鎖針　●＝引拔針　╳＝短針
╳╳/＝2短針加針　/╳╲＝2短針併針

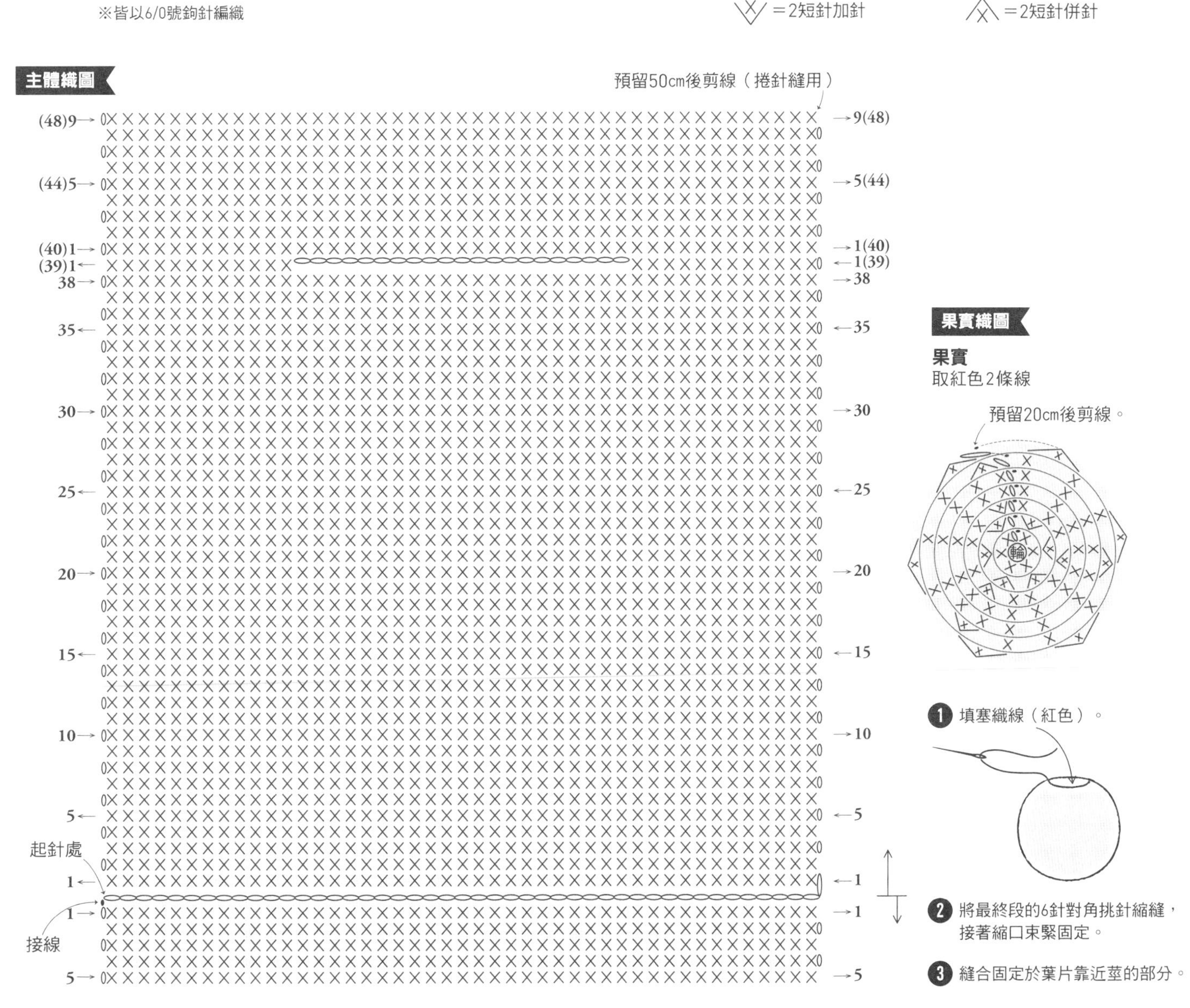

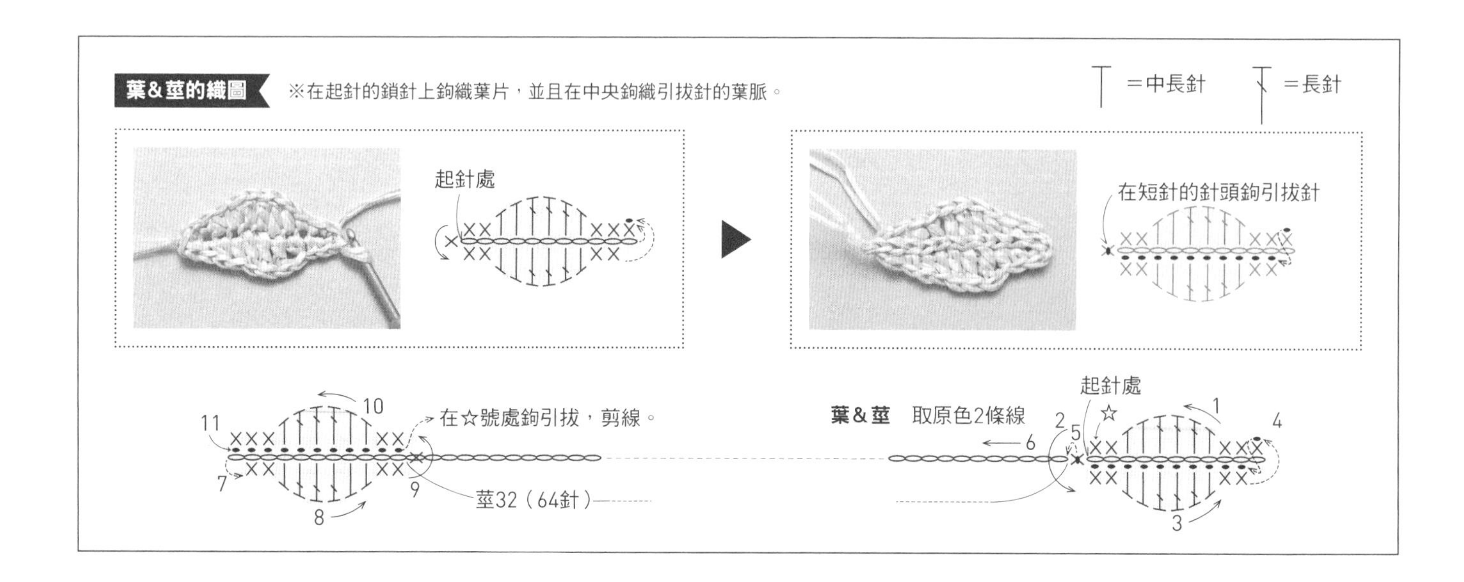

P.36 貝殼花樣長版上衣

難易度

●**材料** 合太棉線 藍色…270g
●**工具** 5/0號鉤針、6/0號鉤針
其他為毛線針、段數記號環等。
●**完成尺寸** 胸圍108cm
袖長27.5cm 衣長69cm
●**密度** 花樣編…27針×8段（5/0號鉤針）
＝10cm正方形
24針×7.5段（6/0號）＝10cm正方形

線材原寸大小

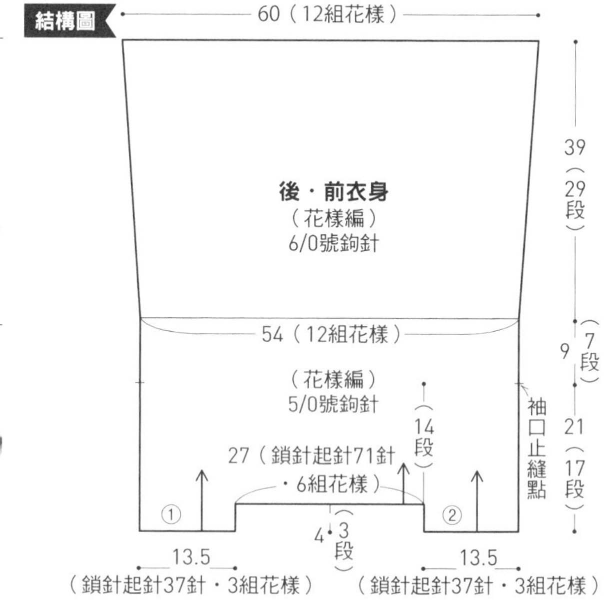

織法

後衣身、前衣身皆以相同方式鉤織。

1 使用5/0號鉤針，鎖針起針37針，挑鎖針半針與裡山，從①的肩部開始鉤織花樣編。鉤織3段後織線暫休針。以相同的方式鉤織②的肩部，接續鉤織領口的71針鎖針。在暫休針織片①的第3段立起針第3針鎖針挑針，鉤織引拔針連接固定，剪線。以休針的織線鉤織第4段，領口的71針同樣鉤織花樣編，鉤至另一側為止。在袖口止縫點掛上段數記號環作記號。第25段開始改換成6/0號鉤針。鉤織最終段的花樣編時，加入3鎖針的結粒針。

2 兩片衣身肩線正面相對疊合，以鎖針與引拔併縫接合；兩脇邊（由袖口止縫點朝下襬處開始）以鎖針與引拔綴縫拼接。

3 領口是在後衣身右側的指定位置接線，袖口則是在開口止縫點接線，使用5/0號鉤針，分別進行輪編的緣編。

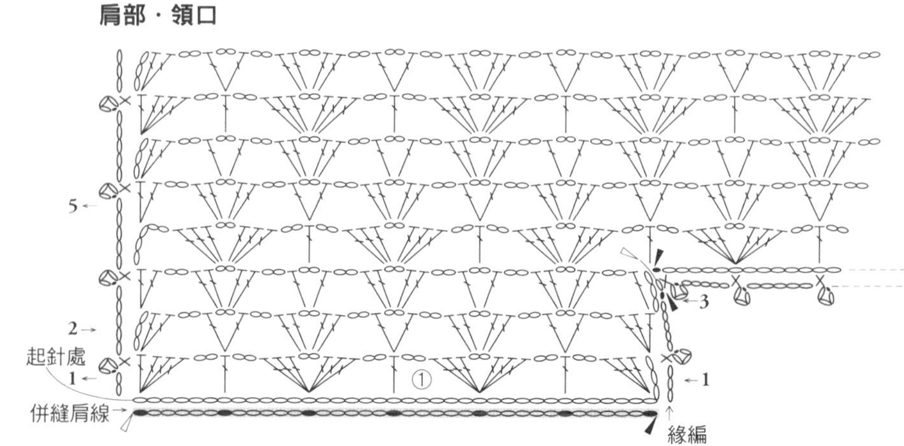

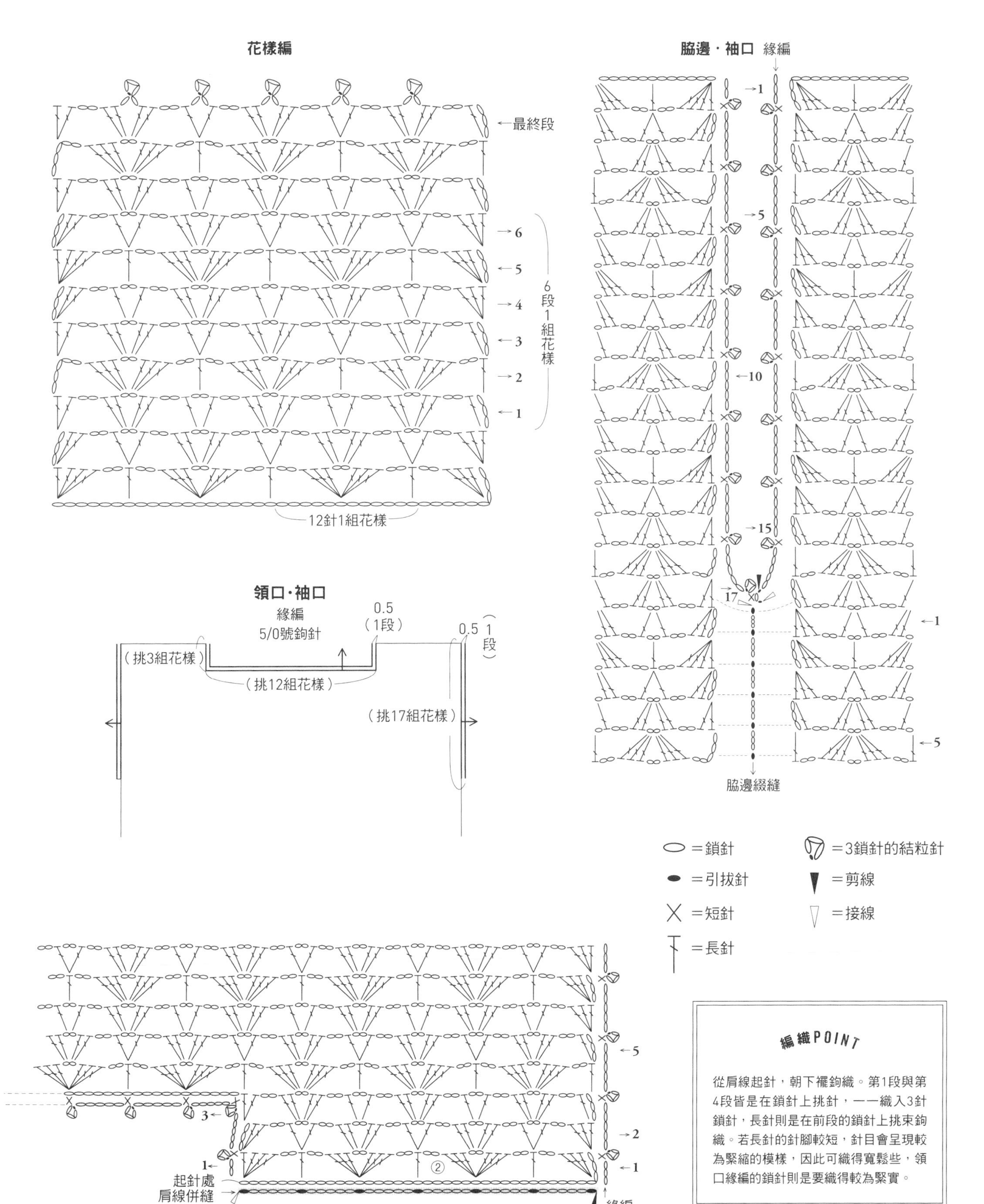

編織POINT

從肩線起針，朝下襬鉤織。第1段與第4段皆是在鎖針上挑針，一一織入3針鎖針，長針則是在前段的鎖針上挑束鉤織。若長針的針腳較短，針目會呈現較為緊縮的模樣，因此可織得寬鬆些，領口緣編的鎖針則是要織得較為緊實。

P.38
泡泡袖瑪格麗特短罩衫

難易度

●**材料**　合太亞麻線
淺粉灰…130g
●**工具**　6號單頭棒針2枝、3號單頭棒針2枝、3/0號鉤針、3/0號鉤針
其他為合太棉線（起針用）、毛線針、段數記號環等。
●**完成尺寸**　袖長53cm　長59cm
●密度　花樣編…21針×27段＝10cm正方形

線材原寸大小

編織POINT

主體編織完成後，在挑針編織袖口前，須先將織片攤開，以蒸汽熨斗確實整燙。袖口處是以減針方式作出細褶，因此要將別線鎖針解開，挑針後再進行減針。

織法

1　編織主體。使用3/0號鉤針起針，以別線鉤122針鎖針（別鎖起針），再以6號棒針從鉤織終點挑鎖針裡山，開始編織花樣編。花樣編兩端的第3針是織上針。參照結構圖，在開口止點加上段數記號環作記號。

2　在編織袖口前，先將織片攤平，以蒸汽熨斗確實整燙。袖口改以3號棒針編織，第1段是兩端保留綴縫的各1針後，其餘針目皆織左上2併針進行減針。第2段重複「上針的左上2併針、4針上針（實際編織的是下針的左上2併針與下針）」，共編織52針。再以起伏針編織至第31段，收針段是從背面以3/0號鉤針進行引拔收縫。

3　另一邊袖口是一邊解開起針的鎖針，一邊將針目移至3號棒針上。接線，依織法**2**相同的要領進行第1、2段的減針，再織起伏針，最後同樣以3/0號鉤針收縫。

4　袖下是以毛線針挑縫袖口邊端內側1針，進行挑針綴縫接合。

5　進行衣身開口的緣編，從正面以3/0號鉤針鉤織1段緣編，加以修飾。

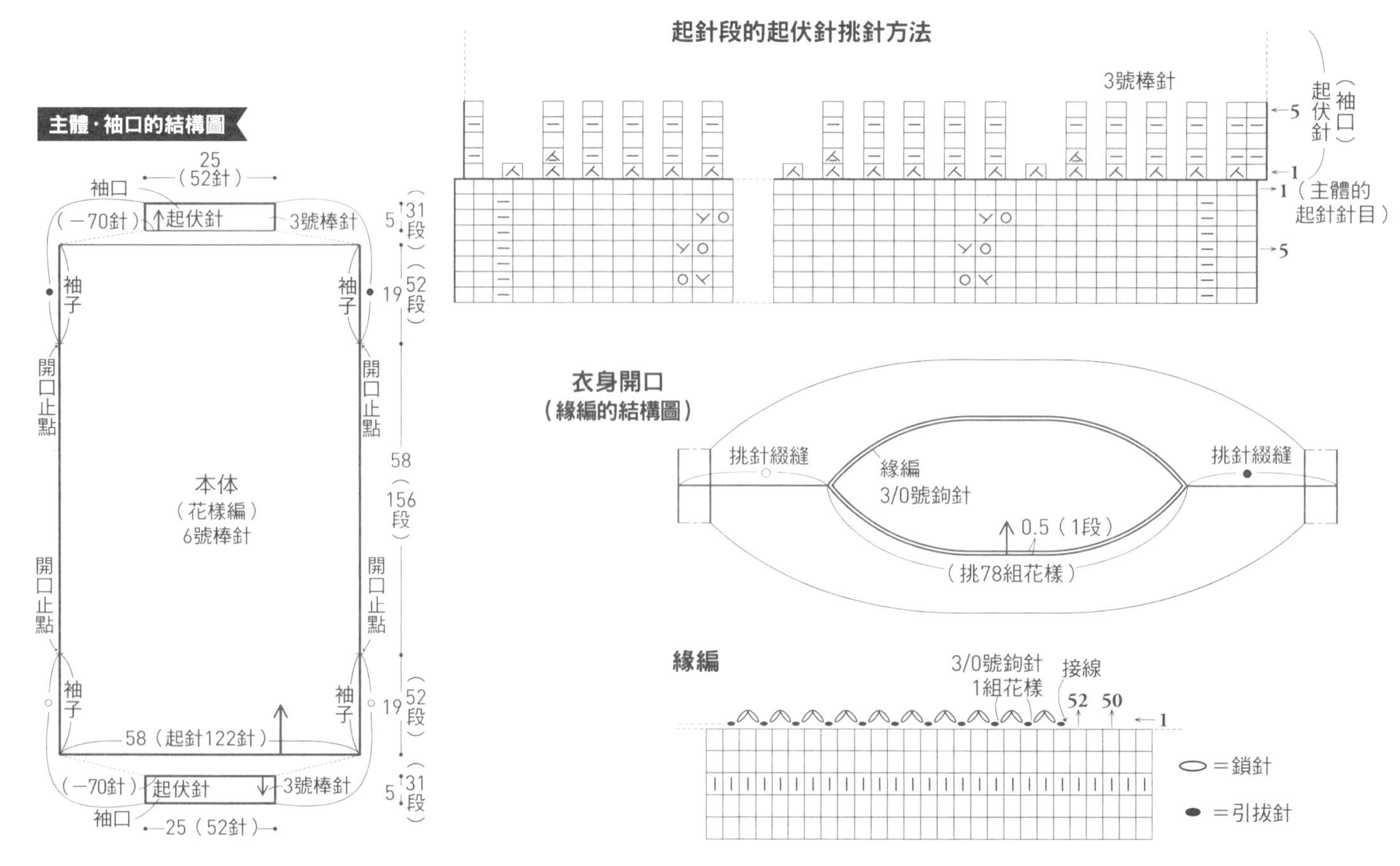

主體・袖口的織法記號圖

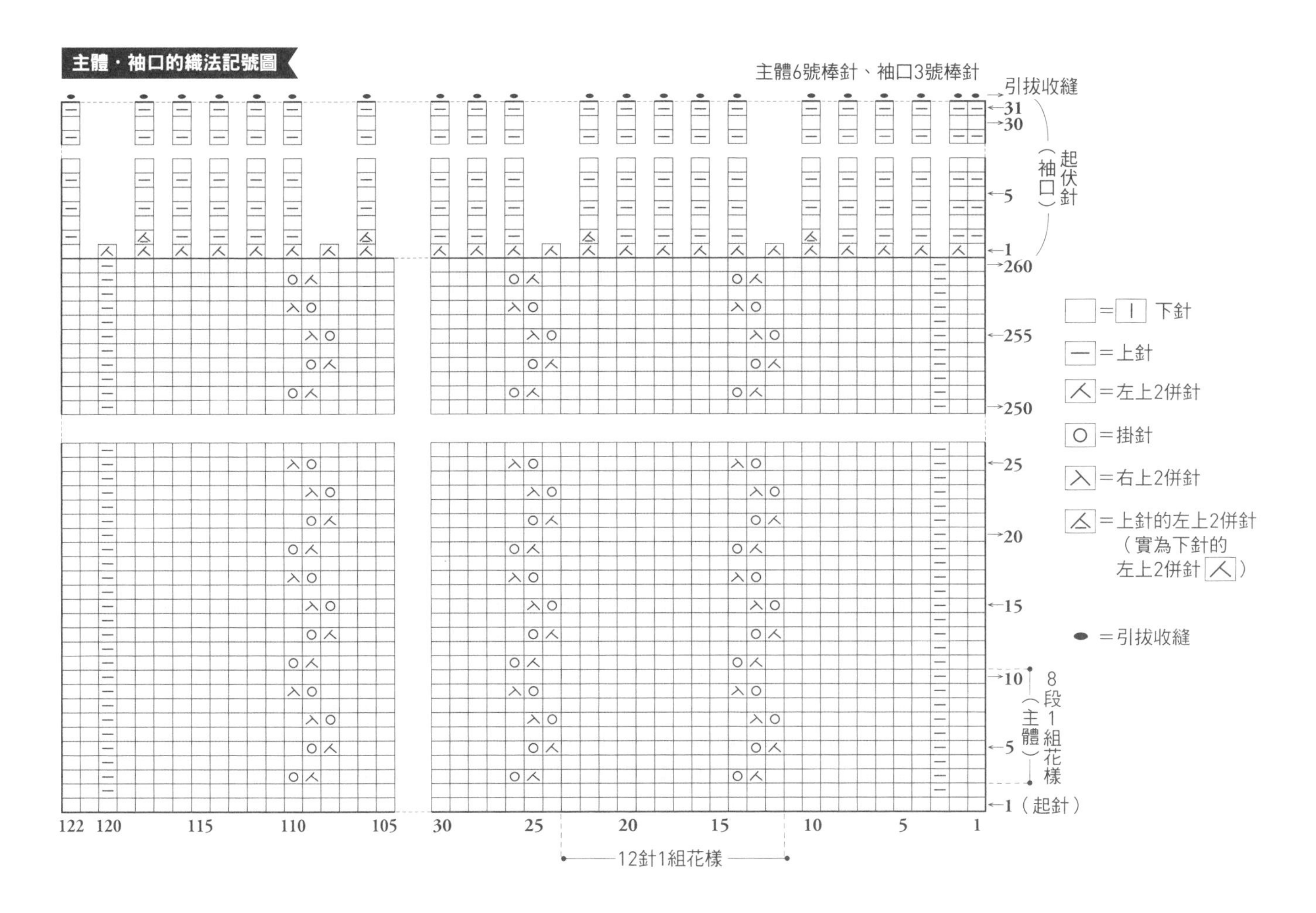

P.40
雙色套頭線衫

難易度

●**材料**　合太花式紗
水藍色…125g、白色…85g
●**工具**　8號單頭棒針2枝（主體用）、
6號棒針4枝（領口、袖口用）、
6/0號鉤針（引拔併縫用）、
5/0號鉤針（引拔收縫用）
其他為9號單頭棒針1枝（起針用）、
中細棉直線　白色、水藍色（脇邊的綴縫線）、毛線針、段數記號環等。
●**完成尺寸**　胸圍96cm
袖長30.5cm　長50.5cm
●**密度**　平面針…16針×25段
＝10cm正方形

平面針

平面針的背面

線材原寸大小

織法

1　編織後衣身。使用白色織線，手指掛線起針法起83針（9號棒針1枝），接著改換8號棒針，由下襬開始編織4段起伏針。接續以平面針，在邊端內側1針處進行減針，以白色線編織至52段後，改換成水藍色織線。編織至60段時，在邊端內側1針處織掛針，並且在下一段織扭針（掛針、扭針須呈左右對稱進行）。中央與左側領口穿入別線後暫休針；右領口邊端1針與套收針作2併針的減針，最終段的針目暫休針。在領口中央的邊端處接線，織套收針以及左側領口。

2　編織前衣身。依後衣身的相同要領編織。

3　完成縫製。兩片衣身對齊肩線，正面相對疊合，使用6/0號鉤針進行引拔併縫。使用4枝6號棒針，分別在領口（輪編）、袖口（往復編）挑針，編織起伏針。以5/0號鉤針由背面進行引拔收縫。接縫脇邊，棉直線（共線會有線結，不易綴縫得整齊美觀）穿入毛線針，挑針綴縫至袖下為止。

結構圖

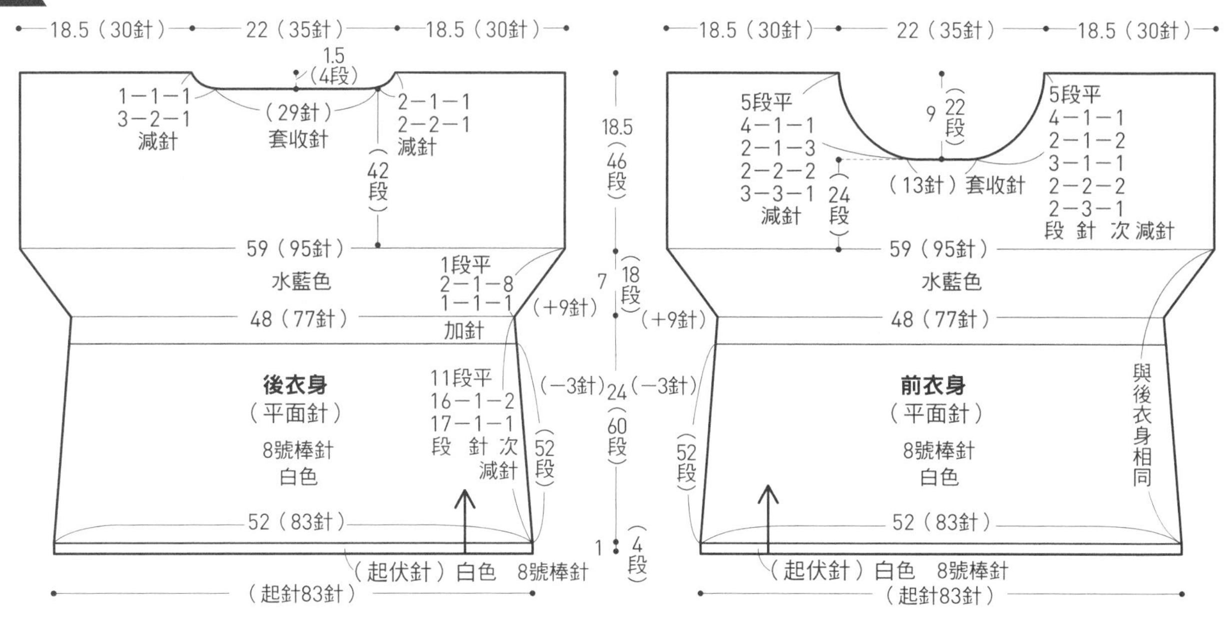

前領口織圖

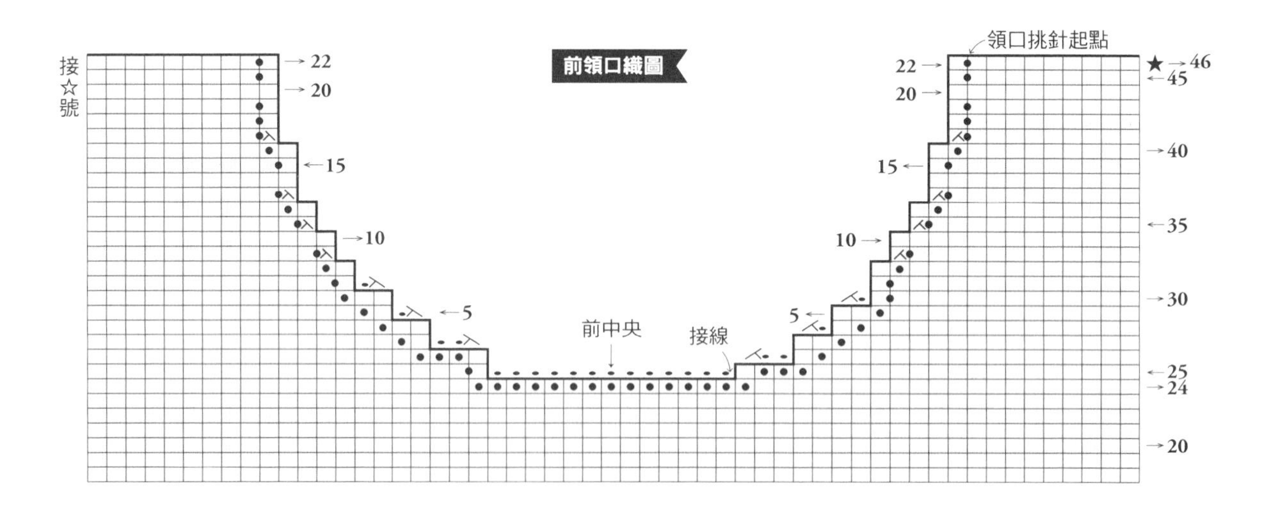

後領口織圖

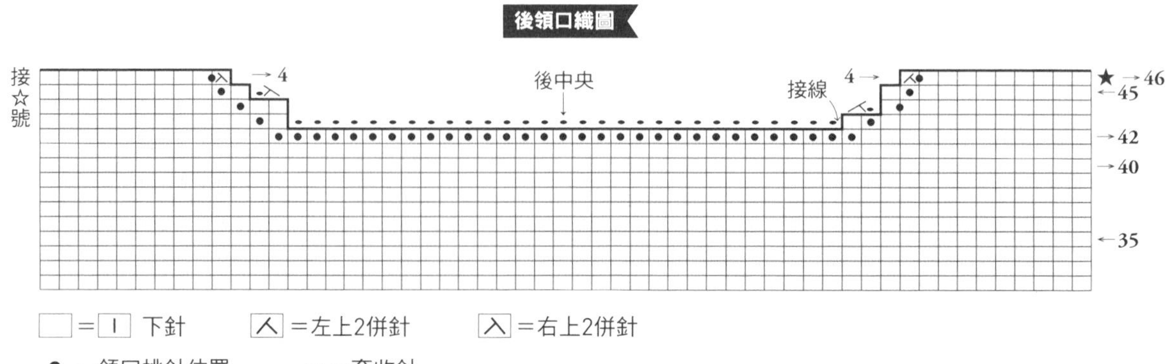

□＝| 下針　 ⋏＝左上2併針　 ⋋＝右上2併針

●＝領口挑針位置　 ⬬＝套收針

衣身（脇邊・袖下・袖子開口）織圖

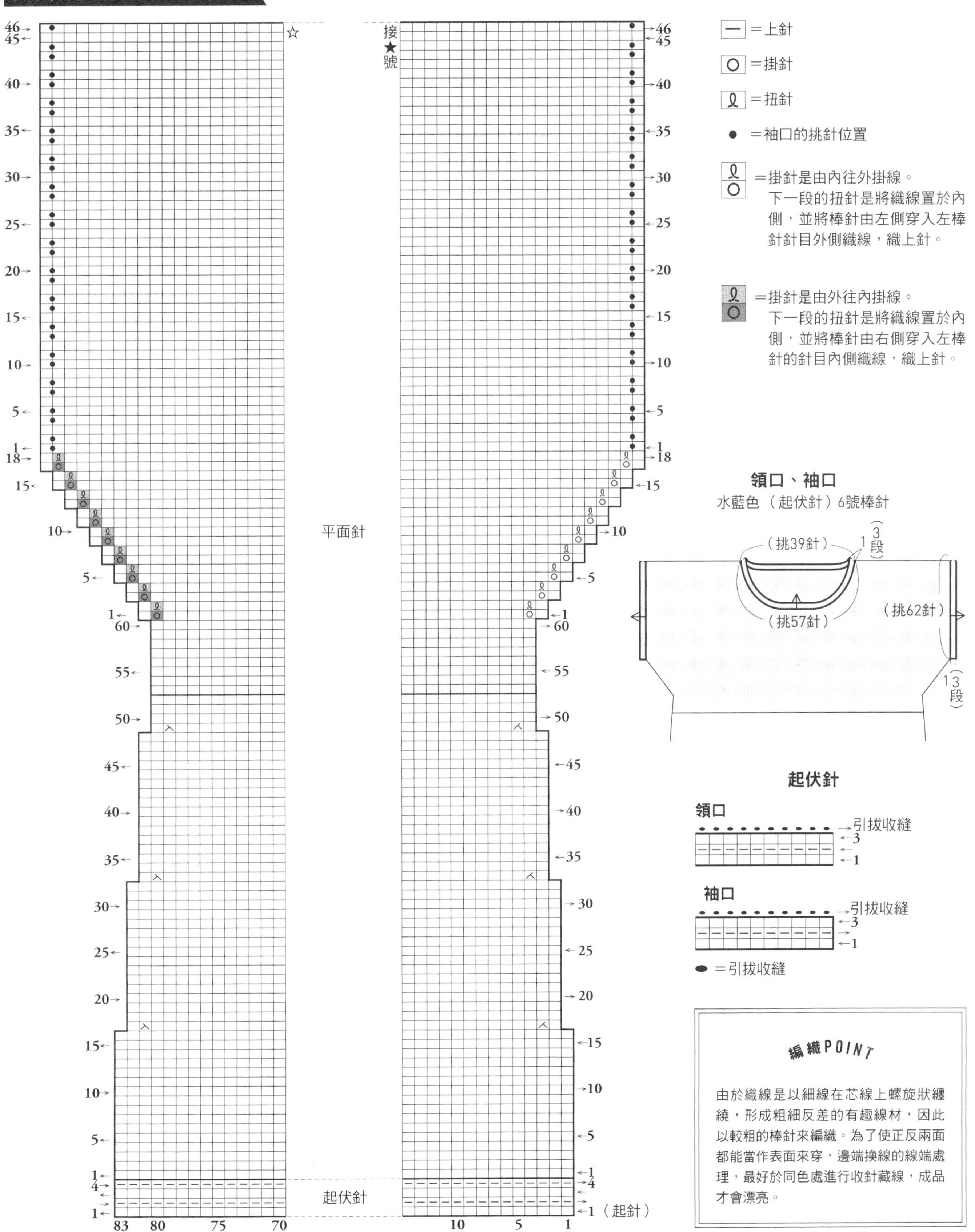

P.42
夏日草帽

難易度

●**材料**　並太人造絲線 復古黃…130g
細圓繩（芯材）100cm　接合用熱收縮管5cm

●**工具**　5/0號鉤針
其他為毛線針、段數記號環等。

●**完成尺寸**　頭圍55cm

●**密度**　短針…19針×21段＝10cm正方形

線材原寸大小

織法

1　輪狀起針，由帽頂中心開始鉤織。使用5/0號鉤針，第1段在線圈中織入1針鎖針的立起針與8針短針，拉動線端，將線圈縮緊，之後在第1針鉤引拔針，完成第1段。第2段鉤立起針的1針鎖針，前段的每1針都織入2針短針加針。第3段重複「織入2針短針加針、1針短針」。之後參照織圖，鉤織至第12段時，針數為72針。建議這時在第12段掛上段數記號環，方便辨識。

2　鉤織帽冠，加針鉤織至第13段，第14段之後不減加針，鉤織至第24段。

3　鉤織帽簷，加針鉤織至第15段，第18段包入細圓繩一併鉤織。細圓繩頭尾重疊5cm，穿入接合用熱收縮管固定後，包裹編織。收針處進行鎖針接縫。

4　以鎖針鉤織170cm長的線繩。再鉤織兩條固定繩，各鉤織3針鎖針後，預留10cm的線段。將固定繩的針目背面當作正面，兩端穿入帽子背面後打結固定。線繩繞兩圈穿入固定繩，調整至後中央，兩端先打單結再打蝴蝶結。

結構圖

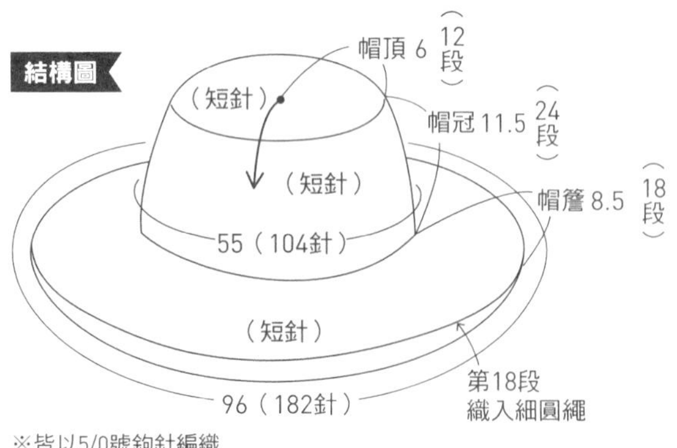

※皆以5/0號鉤針編織

編織POINT

從帽頂中心開始，看著正面進行短針的加針。為了完成符合結構圖尺寸的大小，請一邊測量各部分尺寸一邊鉤織。不加減針的織段，須注意避免針目織得過緊。

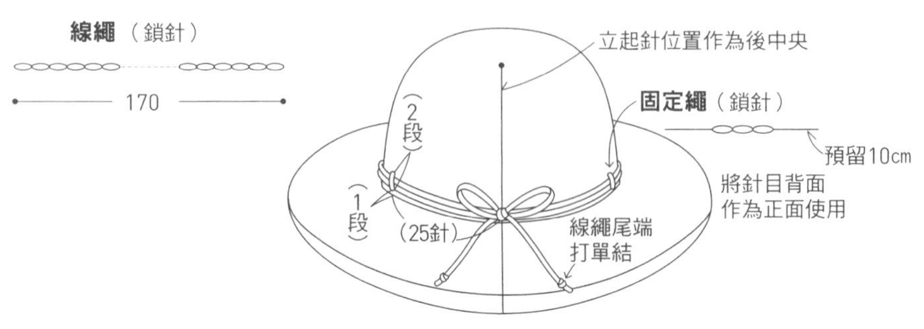

帽簷	18	182針	
	17	182針	
	16	182針	
	15	182針	+13針（間隔12針）
	14	169針	
	13	169針	
	12	169針	
	11	169針	+13針（間隔11針）
	10	156針	
	9	156針	
	8	156針	+13針（間隔10針）
	7	143針	
	6	143針	
	5	143針	+13針（間隔9針）
	4	130針	
	3	130針	+13針（間隔8針）
	2	117針	
	1	117針	+13針（間隔7針）
帽冠	24 ≀ 14	104針	
	13	104針	+4針（間隔24針）
	12	100針	
	11	100針	
	10	100針	
	9	100針	+4針（間隔23針）
	8	96針	
	7	96針	
	6	96針	
	5	96針	+8針（間隔10針）
	4	88針	
	3	88針	+8針（間隔9針）
	2	80針	
	1	80針	+8針（間隔8針）
帽頂	12	72針	
	11	72針	+8針（間隔7針）
	10	64針	+8針（間隔6針）
	9	56針	+8針（間隔5針）
	8	48針	
	7	48針	+8針（間隔4針）
	6	40針	+8針（間隔3針）
	5	32針	+8針（間隔2針）
	4	24針	
	3	24針	+8針（間隔1針）
	2	16針	+8針
	1	8針	
	起針	線圈	

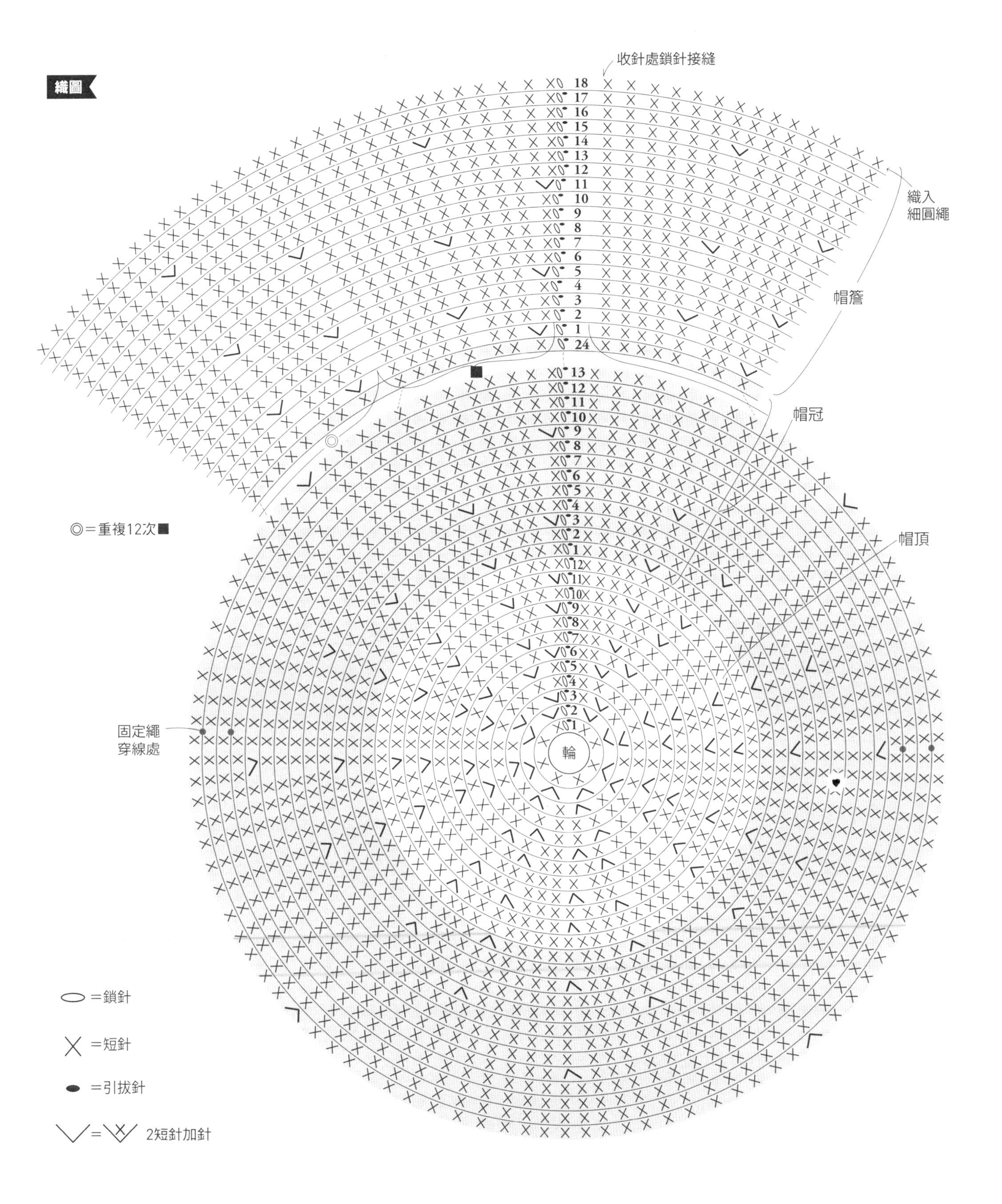
織圖
收針處鎖針接縫
織入
細圓繩
帽簷
帽冠
帽頂
◎＝重複12次■
固定繩
穿線處
輪
＝鎖針
＝短針
＝引拔針
2短針加針

P.44
鳳梨花樣長巾

難易度

●**材料**　中細棉線　黃色…100g

●**工具**　4/0號鉤針　其他為毛線針等。

●**完成尺寸**　寬17.5cm　長143cm

●**密度**　花樣編A…以寬8×10cm為12段

花樣編B…8組花樣×12段＝10cm正方形

線材原寸大小

織法

1　鎖針起針39針，挑鎖針的半針與裡山鉤織花樣編；右側鉤織花樣編A，左側鉤織花樣編B。

2　第2段之後的花樣編皆不是在前段的鎖針挑針，而是穿入鎖針下方，挑束鉤織。

3　第171段織完花樣編A後，花樣編B的部分改以緣編的織法進行。緣編是挑織段的短針2條針腳，起針的鎖針則是挑束鉤織短針。

4　收針處是鉤織3鎖針的結粒針後，挑起針邊端的鎖針鉤引拔針。

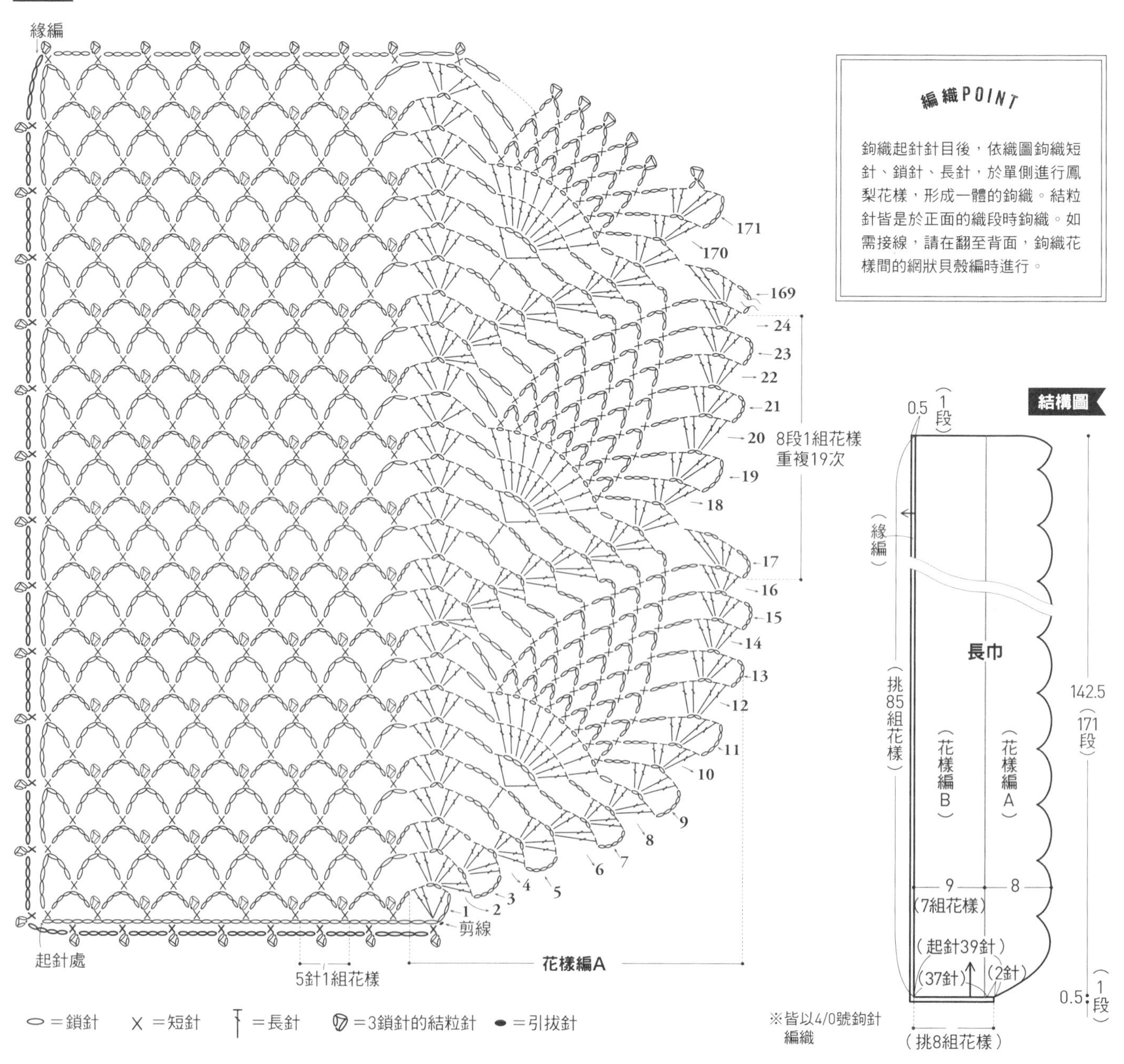

P.45
鳳梨花樣典雅披肩

難易度

- **●材料**　中細蠶絲線　青瓷色…95g
- **●工具**　3/0號鉤針
  其他為毛線針等。
- **●完成尺寸**　寬26cm　長118.5cm
- **●密度**　花樣編B…1花樣＝寬5cm×長14cm

線材原寸大小

織圖

織法

1 鎖針起針85針，從中央開始上下分開鉤織。挑鎖針半針與裡山，鉤織5段花樣編A，第2段之後不是挑前段的鎖針鉤織，而是穿入鎖針下方，挑束鉤織。接下來改織花樣編B，鉤至第65段，收針處不剪線，暫休針。

2 在起針的另一側接線，在起針的鎖針上挑束鉤織，鉤織4段花樣編A之後，依相同要領鉤織花樣編B。

3 繼續沿織段鉤織一側的緣編。

4 另一側也以暫休針的織線鉤織緣編。

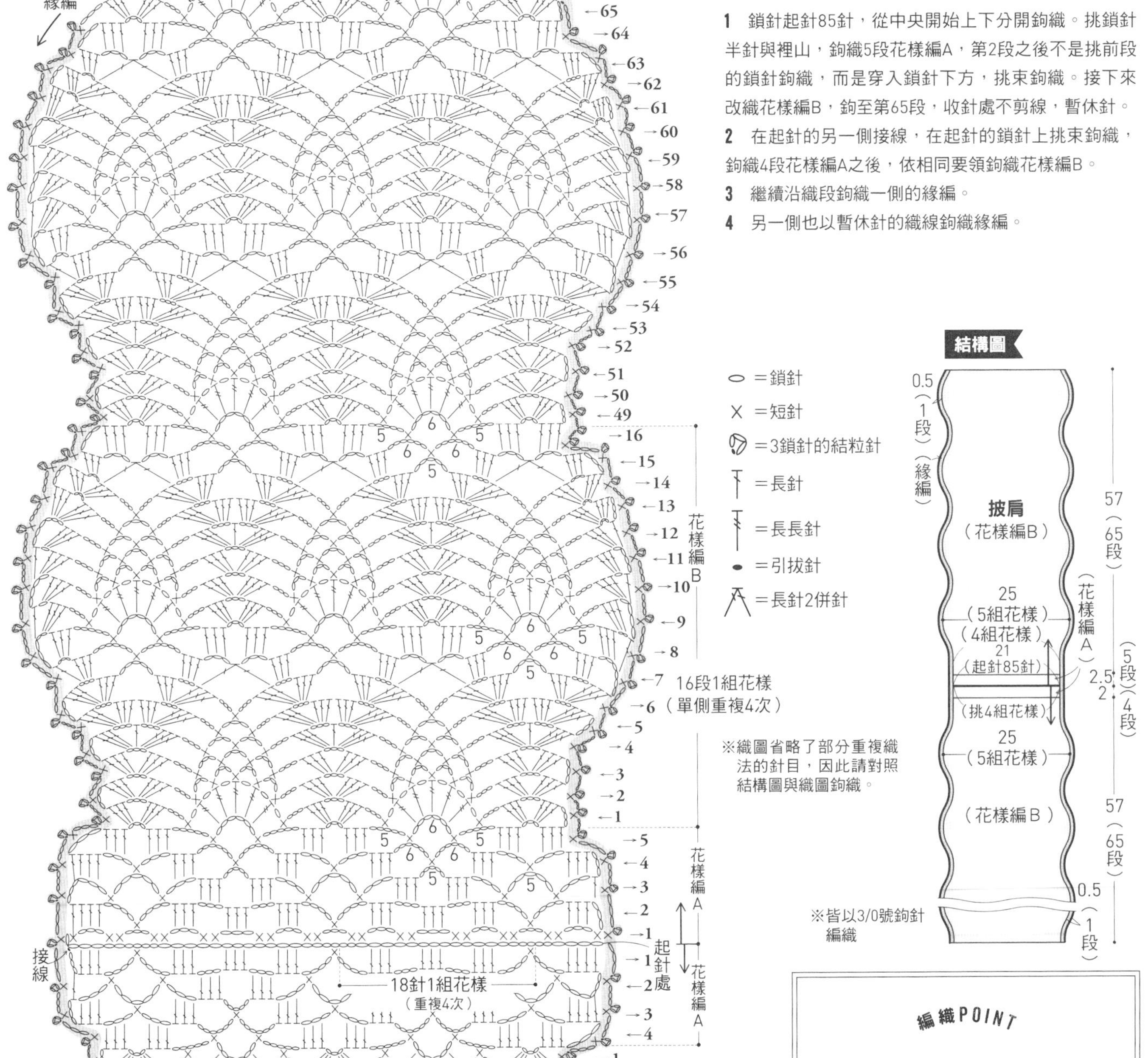

編織POINT

為了讓兩端自然呈現鳳梨花樣的扇形飾邊，因此由披肩中央開始編織。挑鎖針起針，鉤織單側的半條披肩，第2段最後的長針，只要挑起針的第1針鎖針鉤織，上下就會形成漂亮的對稱形狀。

P.46
菱形圖案披肩

難易度

●**材料**　合細蠶絲線　金蔥混織的原色…145g
●**工具**　4/0號鉤針　其他為毛線針等。
●**完成尺寸**　寬35cm　長128.5cm
●密度　花樣編 1組花樣…24針＝7cm、12段＝9cm

線材原寸大小

織法

1　鎖針起針117針，第1段挑鎖針半針與裡山鉤織花樣編，第2段之後的花樣編不是挑前段的鎖針鉤織，而是穿入鎖針下方，挑束鉤織。線長不足需要接線時，請在邊端算起的第2針進行。
2　鉤織至第168段之後，接續鉤織緣編A。
3　在起針側接線，鉤織緣編B。

編織POINT

滑順蠶絲線鉤織而成的織片較容易鬆散，須小心鉤織。起針側的緣編，除了鉤織起點與終點是挑針之外，其餘皆是挑鎖針束，鉤織1段。由於兩側沒有緣編，因此在接續新線時，於稍微內側處更換，比較便於處理線端，讓成品更加美觀。

織圖

剪線
緣編A 2 1
168 165 160 157
1組花樣
花樣編
25 20 15

結構圖

※皆以4/0號鉤針編織

○＝鎖針
×＝短針
＝長針
＝3鎖針的結粒針

P.47
寄針花樣披巾

難易度

●**材料**　合太棉線
淺綠色…100g
●**工具**　4號單頭棒針2枝、
3/0號鉤針（引拔收縫用）
其他為5號單頭棒針1枝（起針用）、
毛線針等。
●**完成尺寸**　寬20cm　長110cm
●密度　花樣編…33針×28段
＝10cm正方形

織法

1　手指掛線起針法起67針（5號棒針1枝）。接著改換4號棒針，第2段所有針目皆織上針（實際上編織的是下針）。第3段之後參照織圖，編織花樣編。由於花樣編的特性，織片兩端會呈現波浪狀。

2　編至第307段，收針處以3/0號鉤針進行引拔收縫。

線材原寸大小

編織POINT

只要依照織圖編織，上下端就會自然形成波浪狀的寄針花樣。由於花樣僅2段不斷重複，因此一旦熟悉之後，不管何時停下都能馬上進入編織狀況，是既簡單又具效果的花樣。收針時的引拔收縫須避免針目過緊。

結構圖

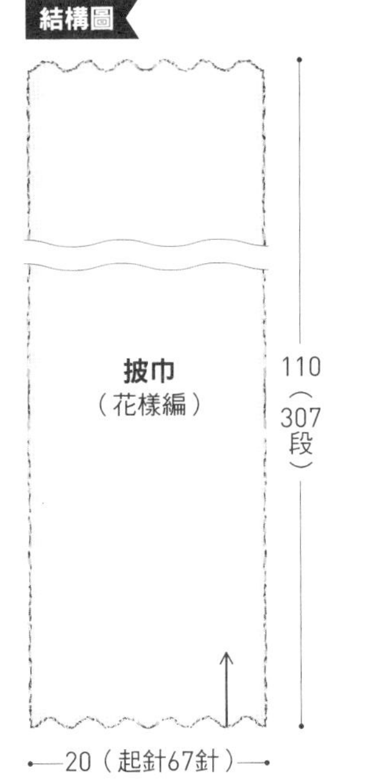

※以4號棒針編織（起針為5號棒針）

織圖

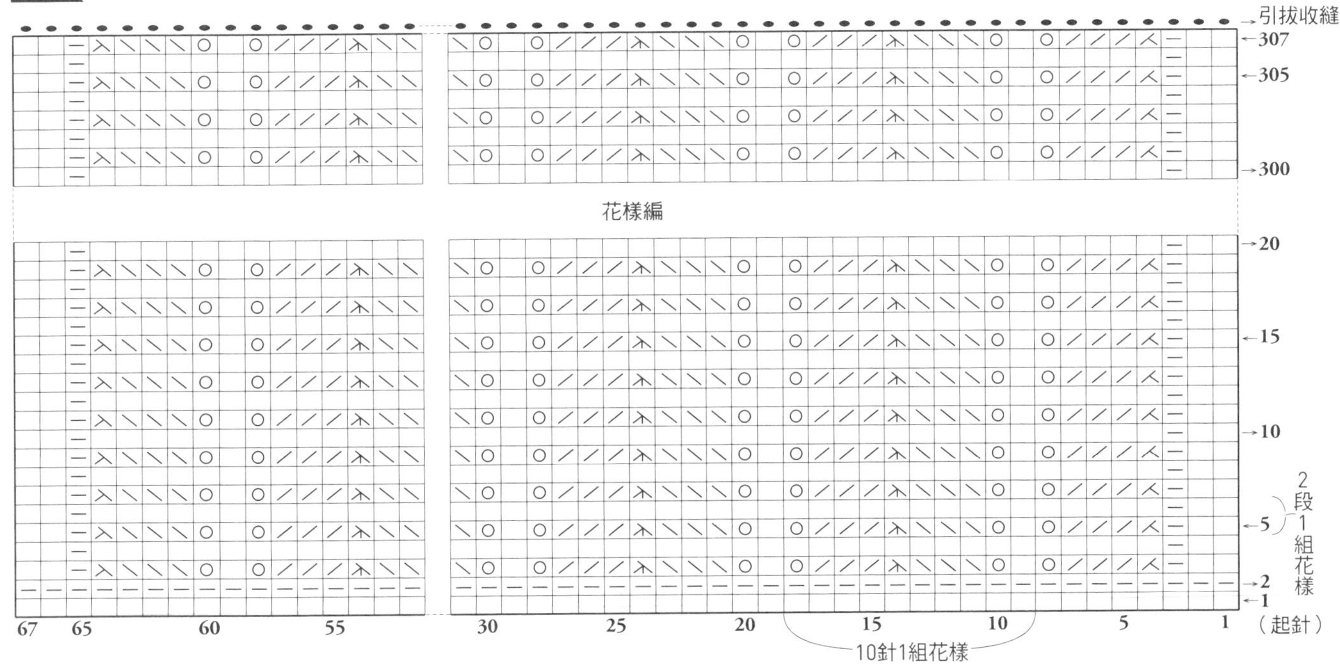

□＝|　下針　—＝上針　人＝左上2併針　／＝右寄針（編織下針）　○＝掛針　＼＝左寄針（編織下針）
木＝右上3併針　入＝右上2併針　●＝引拔收縫

編織基礎知識

集結工具、密度、尺寸的調整方法等，
需要事先理解的基礎知識。

工具

棒針

棒針編織的工具。使用竹子、塑膠或金屬等製造而成，尺寸為0至15號，更粗的尺寸為7至30mm。數字越大，表示針越粗。類型分別有：可避免織好的針目脫落，於棒針一端設計擋珠，以及雙頭皆為針狀的棒針。較短的棒針用於編織小物時相當便利。以細繩連接2枝棒針的輪針，則是建議使用於輪編織品，或針目容易脫落的作品。

鉤針

鉤針編織的工具。使用竹子、塑膠或金屬等製造而成，尺寸為2/0至10/0號、7mm、8mm等。數字越大，表示針越粗。鉤針的款式除了僅單頭有鉤針的之外，也有兩頭皆具鉤針的。

毛線針

用於收拾線頭、進行併縫、綴縫時使用的針具。形狀與一般縫針相同，但是為了能輕易穿入毛線，因此針孔較大，且為了避免鉤到織線造成分離，針尖為圓鈍狀。

麻花針

使用於麻花編等交叉針的編織，方便移動後織的針目。

段數記號環

加針、減針、織入花樣時，為了使作業重點一目瞭然，以此設置記號的方便物品。

棒針套

套在棒針前端，以防止針目從棒針上脫落。

線材

織線分為毛線、棉線、化學纖維線、混紡線等。依線的粗細，可分為極細、合細、中細、合太、並太、極太等。使用線材與示範作品不同時，最好選用素材與粗細盡量接近的線材。本書作品所使用的線材皆刊載於P.95。

針&線的平衡

為了製作出漂亮整齊的織片，配合線材粗細來選用針具就顯得相當重要。對線材而言，如果針具過細，針目會又密又硬而缺乏彈性，作品也會顯得笨重。相反地，如果針具對線材而言過粗，反而會織出鬆垮的織片，也是導致織品易拉長、穿著易變形的原因。只要正確使用對應線材的適當針具來編織，即可織出符合線材粗細的針目，完成手感佳、美麗又整齊的織片。

密度

密度是測量針目大小的標準，意指在10cm平方的織片中，織入了幾針目、幾段之類的數值。如果密度不符，可能會造成織片過大或過小的情況。織片密度會依據編織者的力道而有所不同，因此以作品中記載的指定密度為準，當針數與段數較多的情況時，可改換成粗1號的針具來調整；編織數量較少的情況時，則可改換成細1號的針具來微調。棒針、鉤針兩者皆同。

調整尺寸的方法

本書刊載作品的尺寸為女款尺寸。所有作品皆依據完成尺寸實測而來，請多加參考。覺得稍微過大或過小等，想要改變尺寸時，作品織法中有不加減針編織的部分，直接在該處增加段數或減少段數來調整即可。

P.16「花樣織片蓋毯」配色表

序號	第1段	第2段	第3段	第4段
① ㊽	冰綠色	綠色	藍色	水藍色
② ㊶	鮭魚粉	草綠色	深粉紅	胭脂紅
③	鮭魚粉	檸檬黃	黃綠色	土耳其藍
④ ㊸	深粉紅	桃紅色	鮭魚粉	胭脂紅
⑤	黃綠色	草綠色	淺杏色	藍色
⑥ ㊺	深紅色	淺粉紅	柿色	草綠色
⑦ ㊻	水藍色	淺藍色	黃綠色	薄荷綠
⑧ ㊼	黃色	粉紅色	深紅色	橘色
⑨ 56	胭脂紅	桃紅色	檸檬黃	橘色
⑩ ㊾	黃鶯色	黃色	土耳其藍	淺水藍
⑪	粉紅色	淺粉紅	芥末黃	紅色
⑫ 51	藍色	冰綠色	檸檬黃	淺藍色
⑬ 52	淺粉紅	鮭魚粉	深紅色	粉紅色
⑭ 53	薄荷綠	黃鶯色	綠色	淺綠色
⑮ 54	粉紅色	深紅色	芥末黃	淺粉紅
⑯ 55	淺綠色	薄荷綠	土耳其藍	冰綠色
⑰ 64	土耳其藍	冰綠色	草綠色	黃鶯色
⑱	鮭魚粉	紅色	淺杏色	胭脂紅
⑲ 58	草綠色	水藍色	淺藍色	藍色
⑳	薄荷綠	黃色	鮭魚粉	胭脂紅
㉑	藍色	淺水藍	草綠色	黃綠色
㉒	鮭魚粉	檸檬黃	胭脂紅	深粉紅
㉓	冰綠色	土耳其藍	黃鶯色	淺藍色
㉔	芥末黃	深粉紅	桃紅色	紅色
㉕	桃紅色	黃色	淺粉紅	深紅色
㉖ 65	淺藍色	淺綠色	薄荷綠	檸檬黃
㉗ 66	橘色	芥末黃	紅色	鮭魚粉
㉘ 67	黃綠色	水藍色	黃鶯色	淺綠色
㉙ 61	紅色	深紅色	淺粉紅	深粉紅
㉚ ㊷	綠色	淺水藍	黃色	土耳其藍
㉛ 70	柿色	深粉紅	粉紅色	桃紅色
㉜ 71	橘色	黃色	水藍色	綠色
㉝	土耳其藍	黃鶯色	黃色	黃綠色
㉞	芥末黃	冰綠色	柿色	淺水藍
㉟	深紅色	黃鶯色	芥末黃	綠色
㊱	橘色	黃色	粉紅色	深紅色
㊲	淺杏色	綠色	水藍色	淺水藍
㊳ ㊿	檸檬黃	芥末黃	橘色	柿色
㊴ 60	淺水藍	淺綠色	芥末黃	黃綠色
㊵ 59	桃紅色	黃色	柿色	紅色
㊹	黃色	橘色	薄荷綠	藍色
57	淺杏色	紅色	淺藍色	淺杏色
62	黃鶯色	草綠色	冰綠色	綠色
63	芥末黃	冰綠色	桃紅色	柿色
68	淺藍色	淺水藍	草綠色	鮭魚粉
69	紅色	黃綠色	薄荷綠	藍色
72	黃色	淺粉紅	粉紅色	深粉紅

針目記號織法

本書使用的主要針目記號，
以及其記號表示的針目織法。

棒針編織

起針

手指掛線起針

1

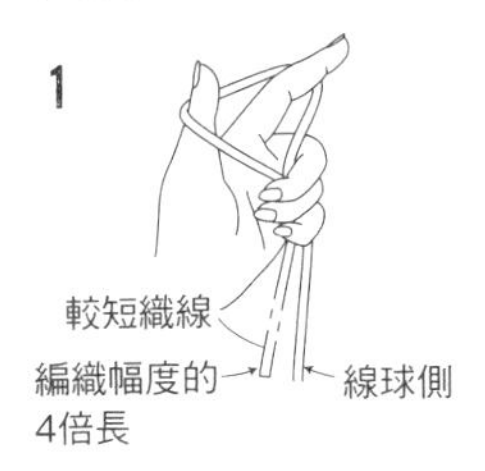

2

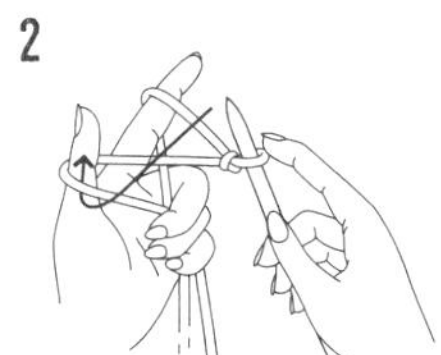

3

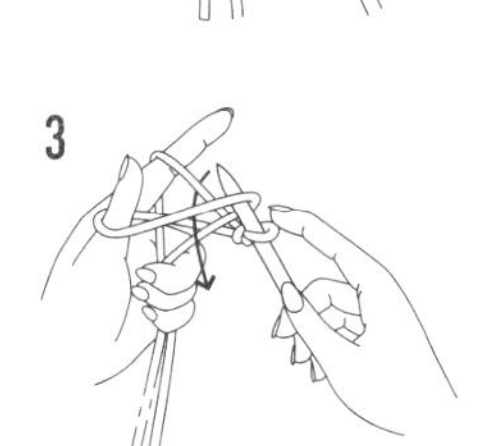

4

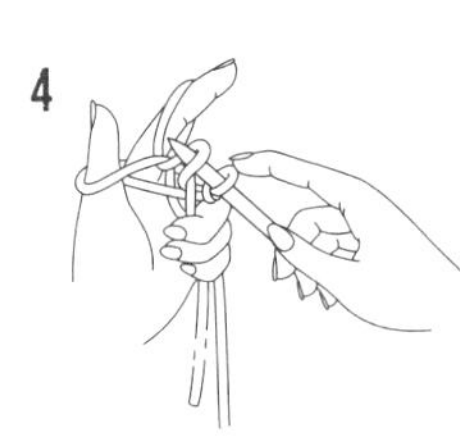

5

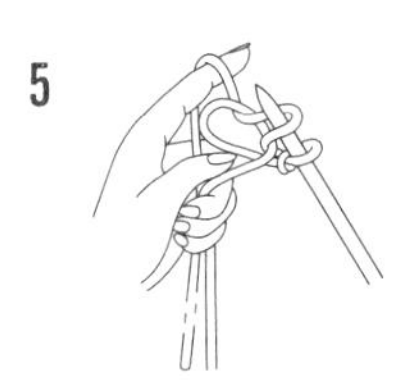

6

重複步驟2至6

7

此即第1段

簡單打結也可

正面

取下棒針

別鎖起針

1

以別線鉤織鎖針

2

挑鎖針的裡山

3

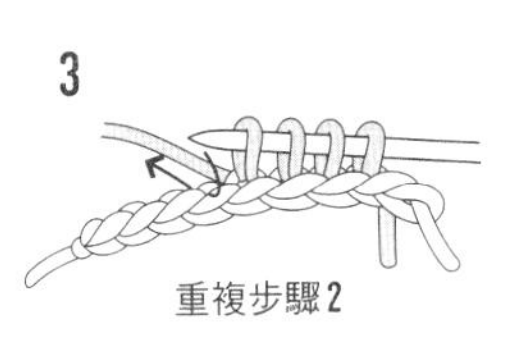

重複步驟2

4

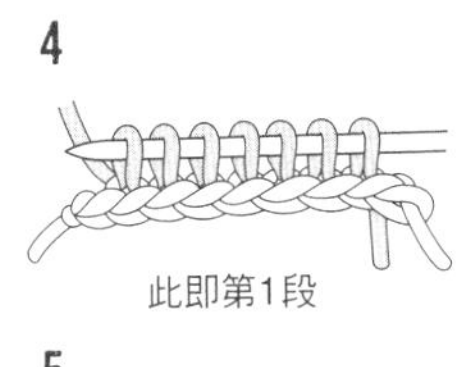

此即第1段

5

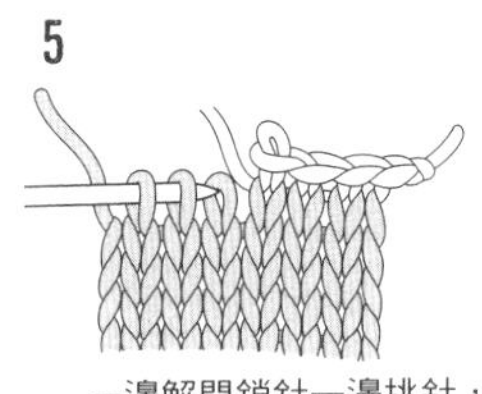

一邊解開鎖針一邊挑針，
編織時的方向則是相反。

針目記號

丨 下針

1

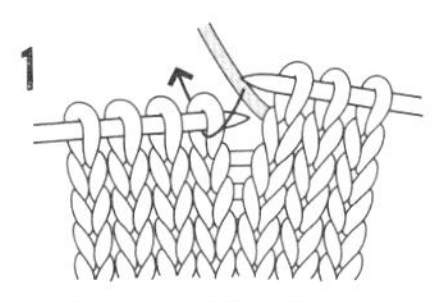

將織線置於外側，
右棒針由內往外穿入。

2

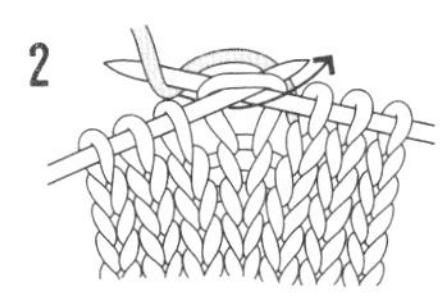

右棒針掛線，
再從針目中鉤出織線。

3

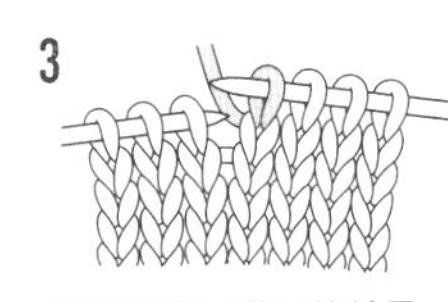

將左棒針已織好的針目
滑至右針上。

一 上針

1

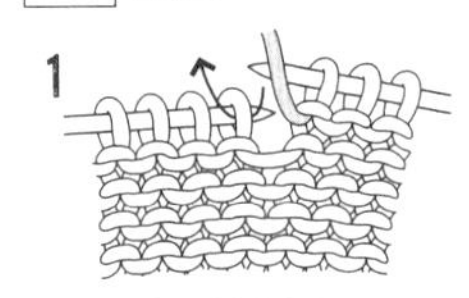

將織線置於內側，
右棒針由外往內穿入。

2

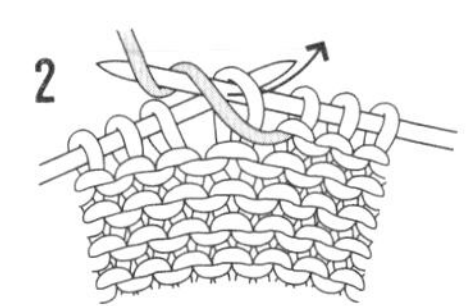

右棒針掛線，
再從針目中鉤出織線。

3

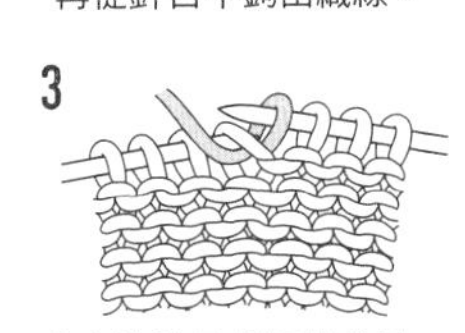

將左棒針已織好的針目
滑至右針上。

○ 掛針

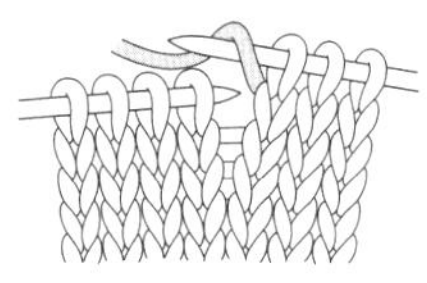

織線由內往外掛在
右棒針上。

扭針

1

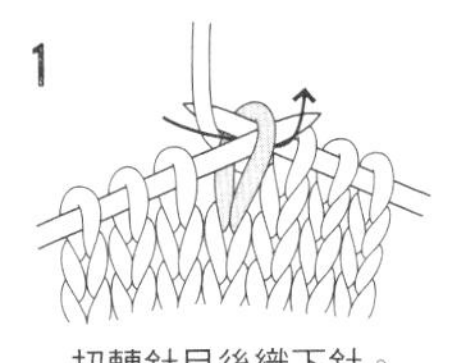

扭轉針目後織下針。

2

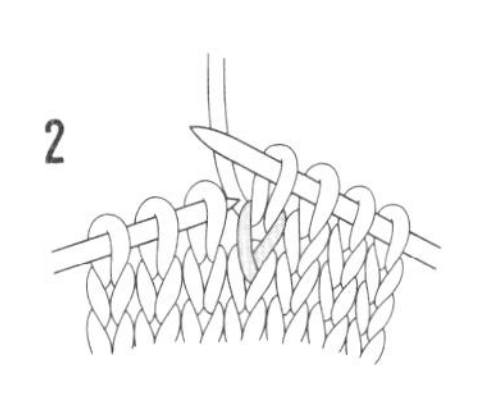

上針的扭針

※織法要領同扭針，
扭轉針目後織上針。

捲加針

1

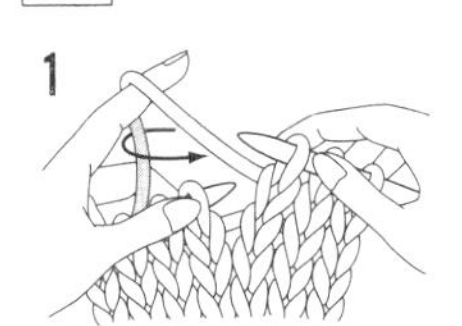

右針依箭頭指示挑起掛於
左手手指上的織線。

2

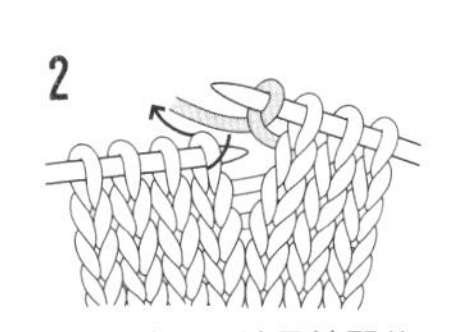

手指鬆開，針目拉緊後
織下一針。

右上2針交叉

1

2

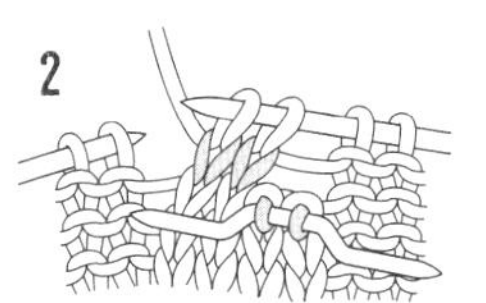

3

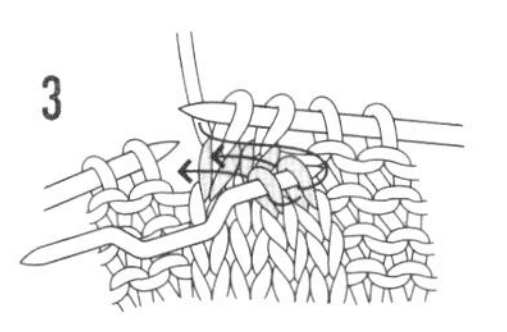

4

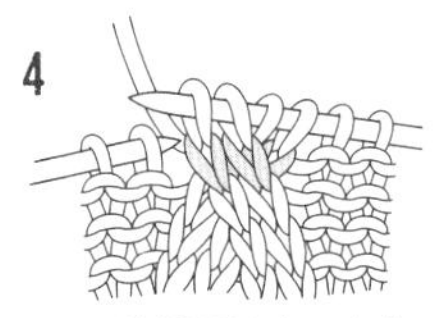

※針數不同時，也依
相同要領編織即可。

左上2針交叉

1

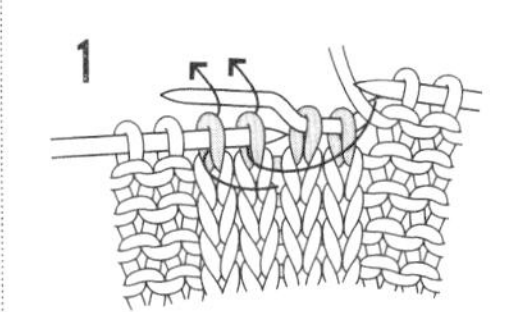

2

3

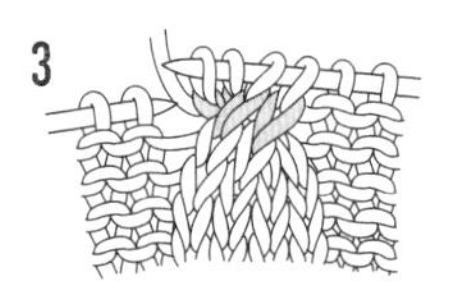

※針數不同時，也依
相同要領編織即可。

右上2併針

1

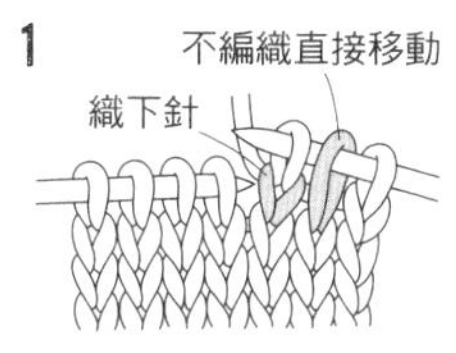

將1針移至右棒針上，
下一針織下針。

2

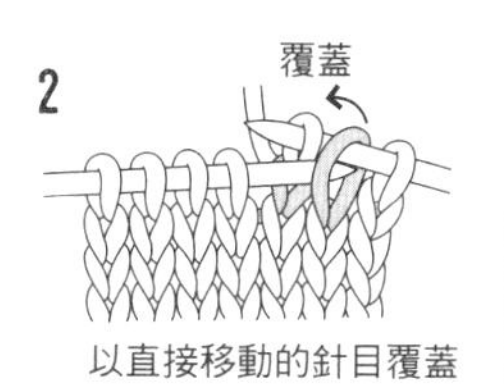

以直接移動的針目覆蓋

3

上針的右上2併針

1 改變針目方向，
將2針移至右針上。

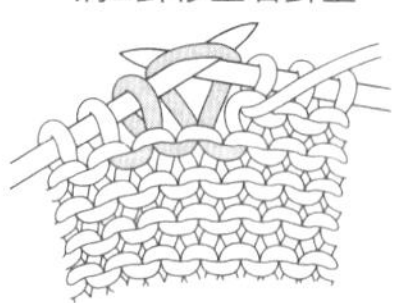

2 2針移往左針上。

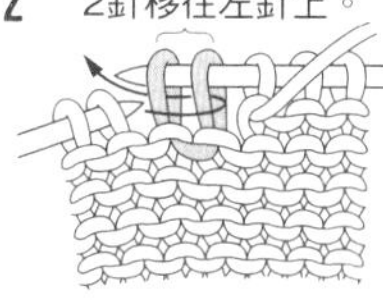

3 一次織2針

4

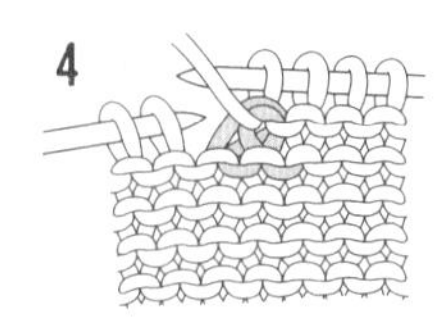

左上2併針

1 一次織2針

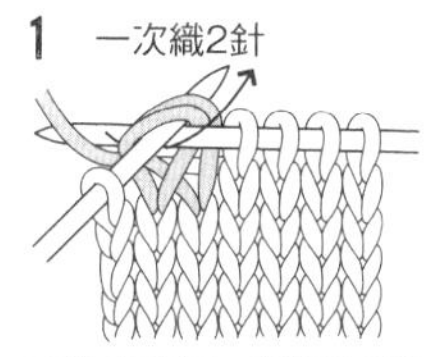

右針由內側一次穿入2針，
織下針。

2

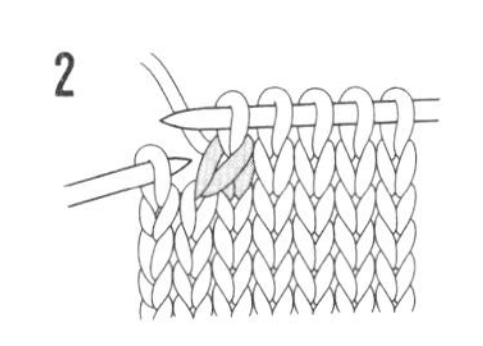

上針的左上2併針

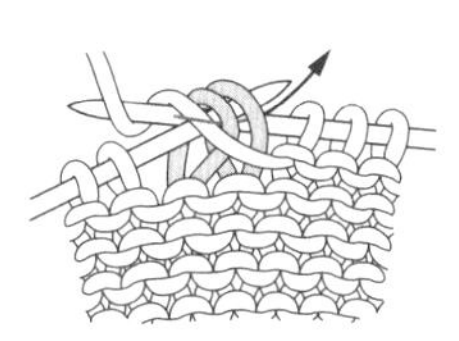

右棒針挑起左棒針的2針，
2針一起織上針。

右上3併針

1

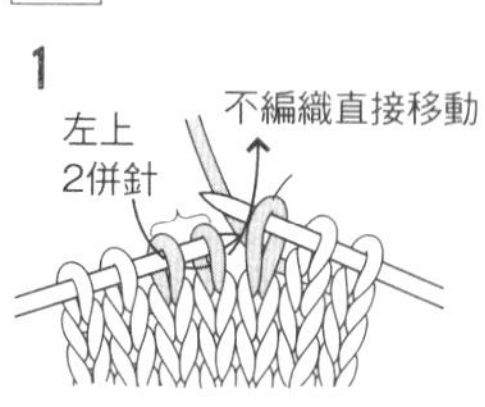

2

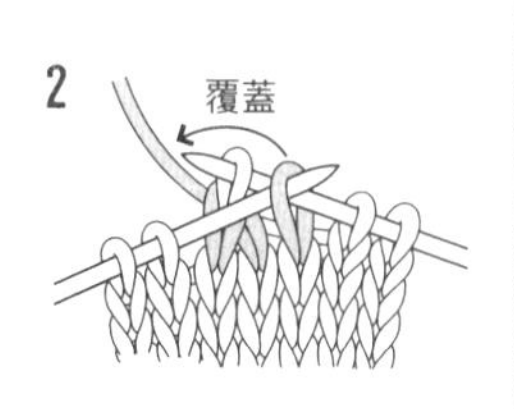

3

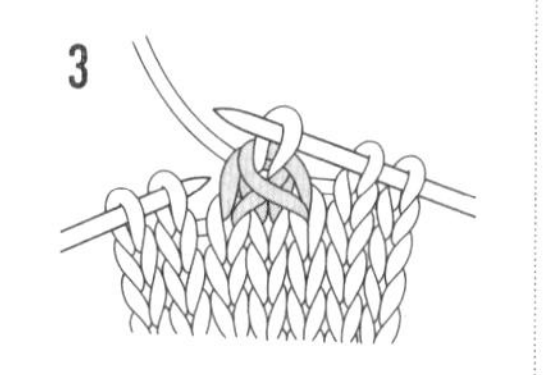

套收針

1

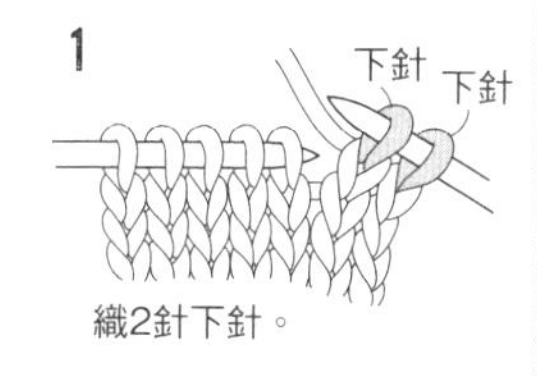

織2針下針。

2 覆蓋

左針挑起第1針，
套住第2針。

3

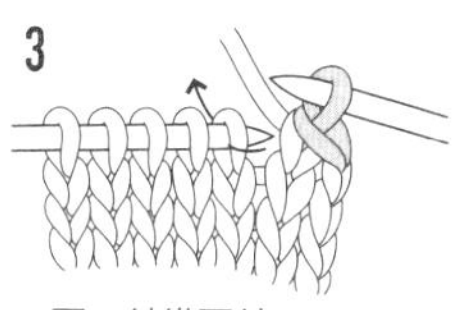

下一針織下針。

4

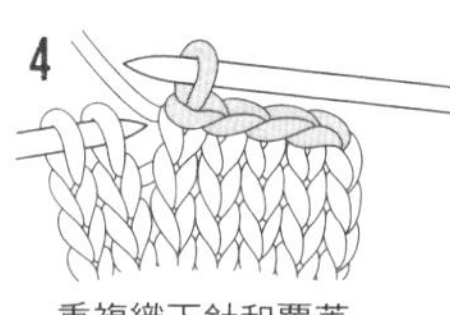

重複織下針和覆蓋
的動作。

上針的套收針

1

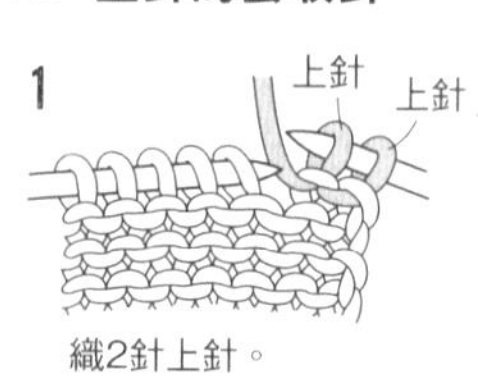

織2針上針。

2

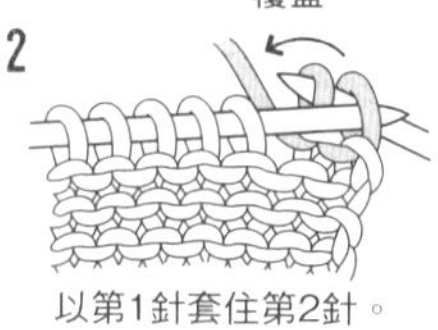

以第1針套住第2針。

3

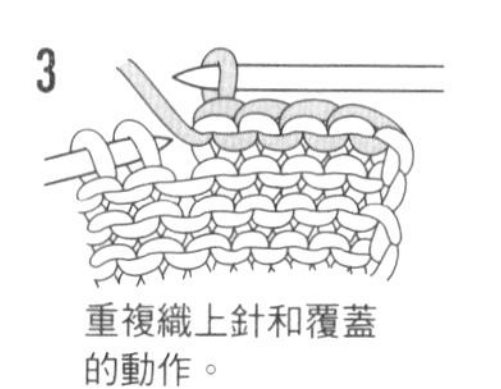

重複織上針和覆蓋
的動作。

引拔收縫

1

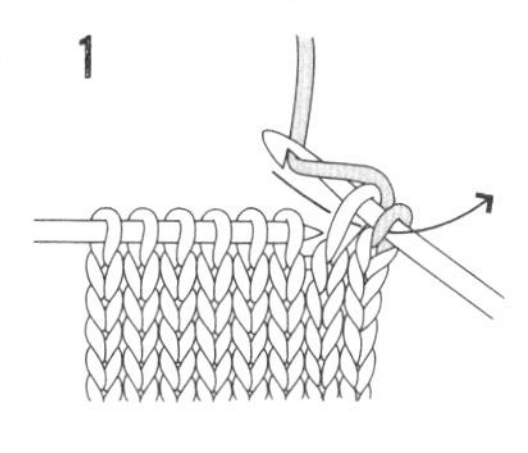

2

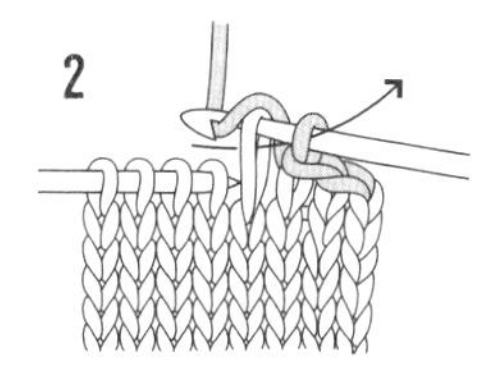

挑針綴縫

1

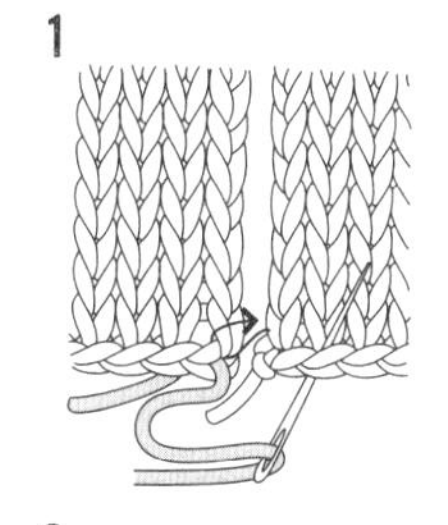

2

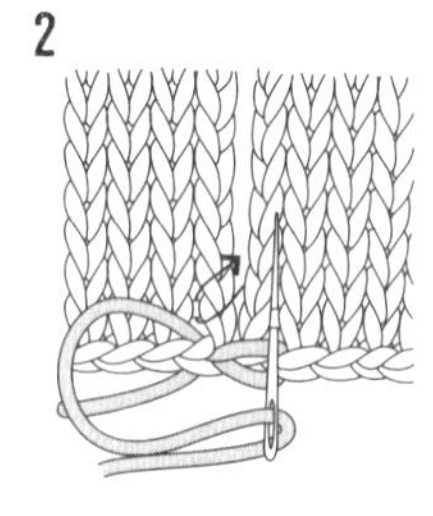

3

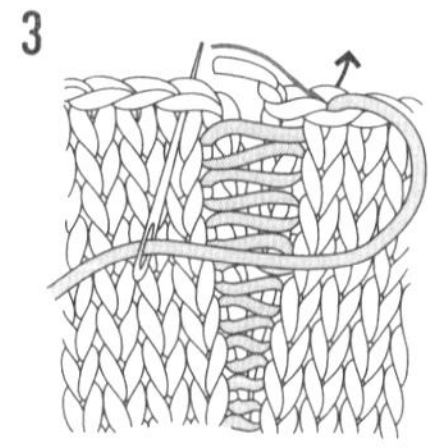

引拔針併縫

1

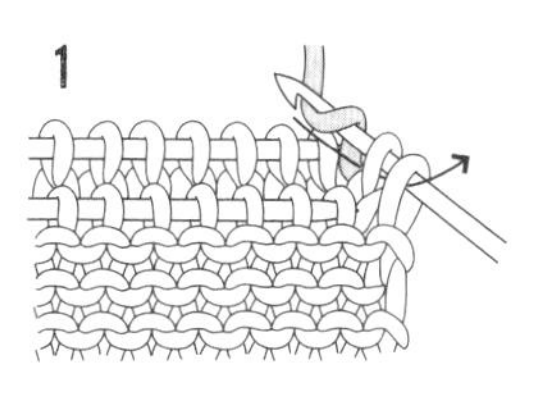

2

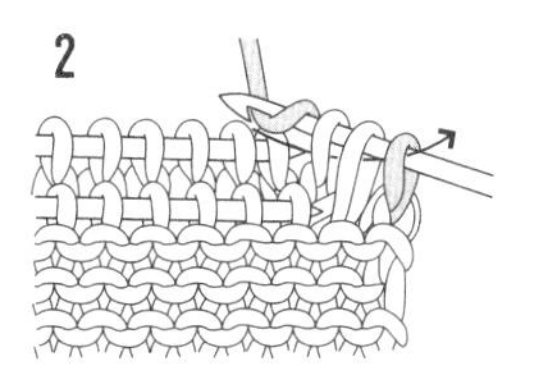

3

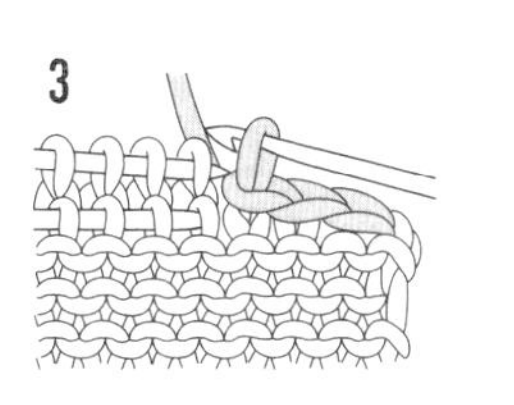

平針併縫

1

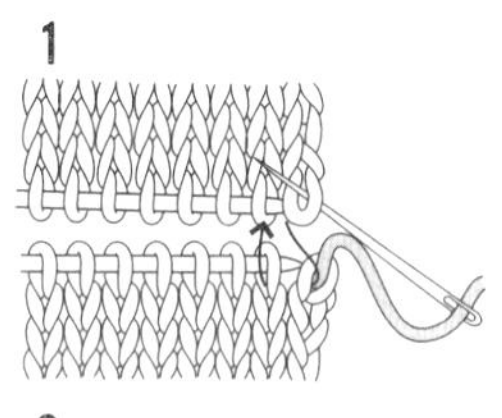

2

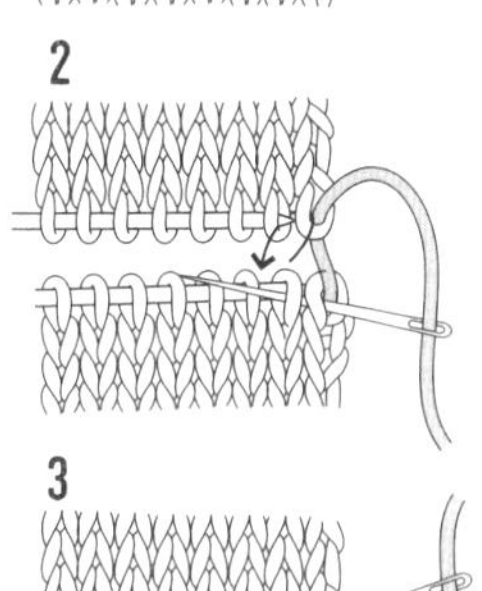

3

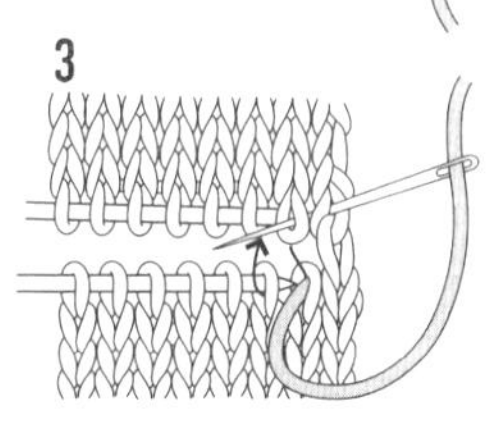

4

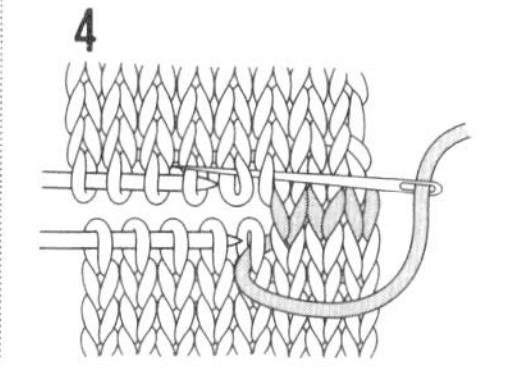

鉤針編織

起針

輪狀起針

1

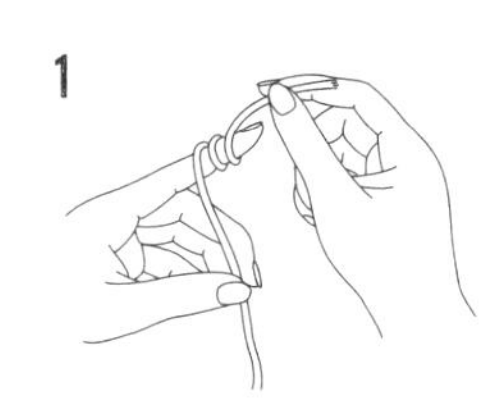

2

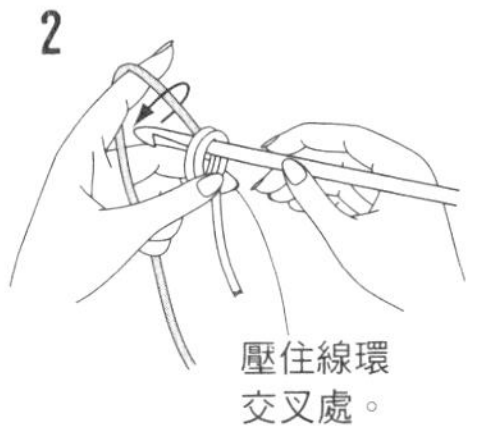

壓住線環交叉處。

3

織1針鎖針。

4

織入短針。

5

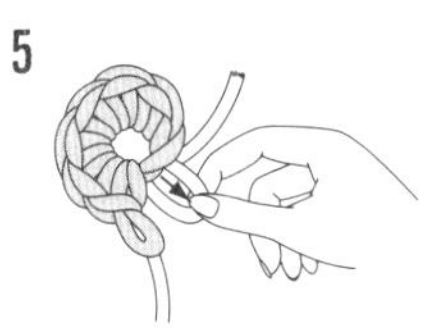

如圖拉線，發現可被拉動的織線後，拉線縮小線圈。

6

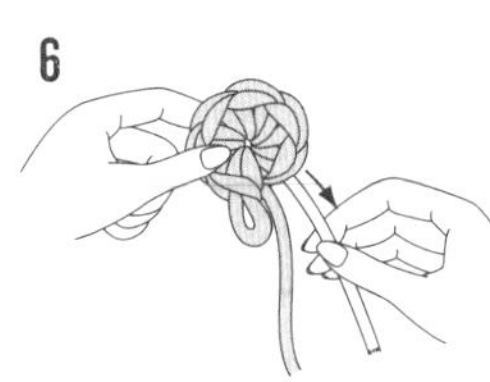

拉動線頭，將線圈收緊。

7

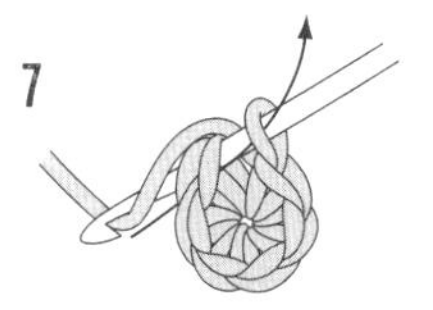

鉤針穿入第1針短針的針頭，鉤織引拔針。

針目記號

鎖針

1

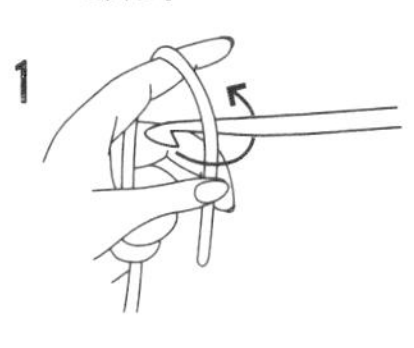

2

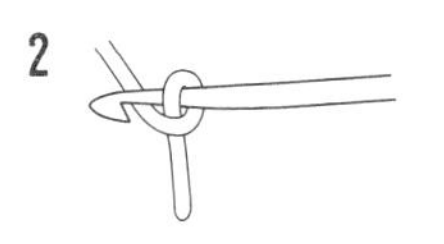

3

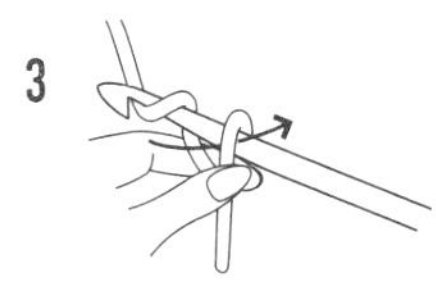

4

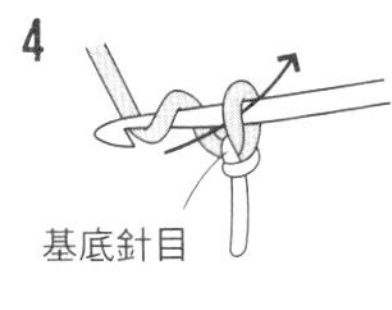

5

短針

1

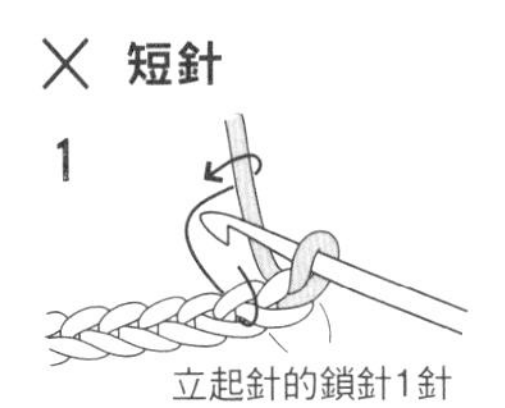

2

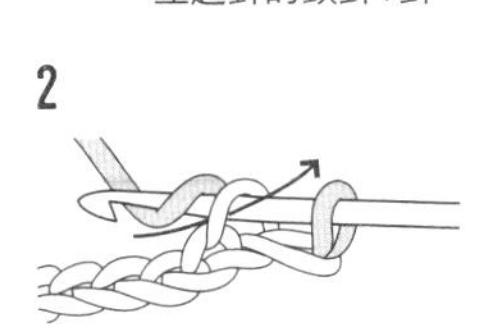

3

4

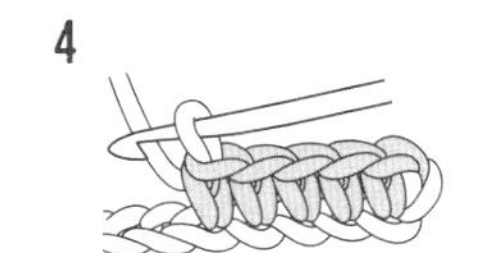

引拔針

1

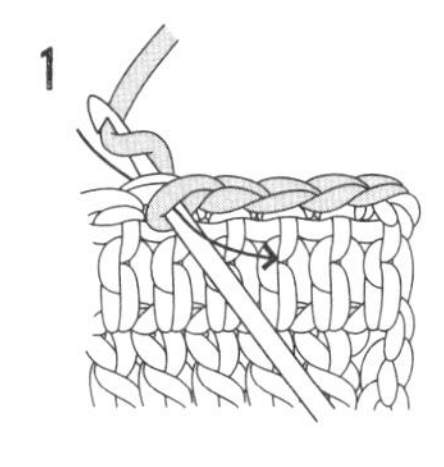

2

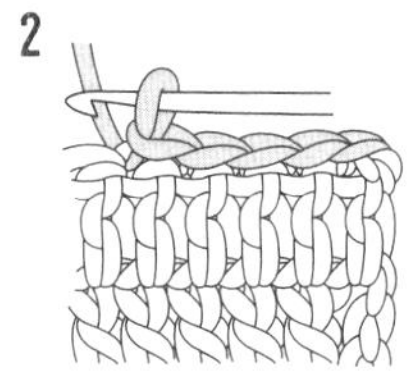

2短針加針

1

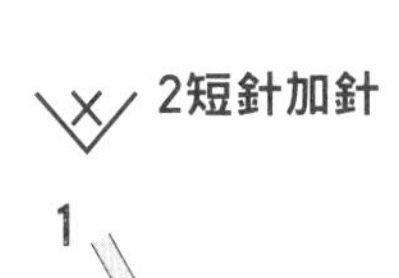

2

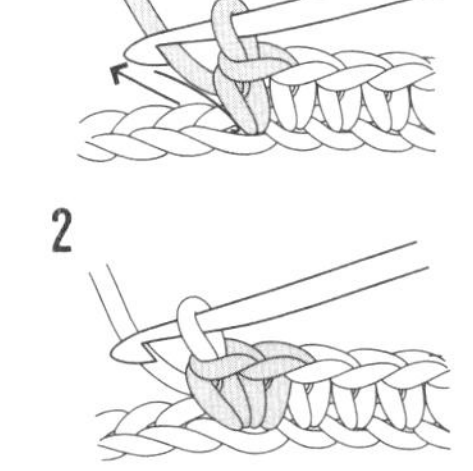

短針2併針

1

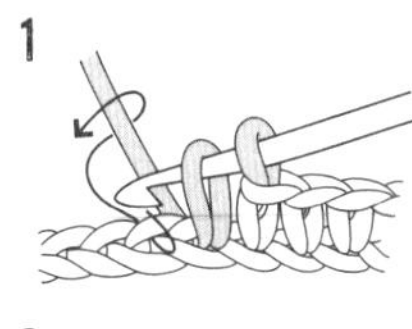

2

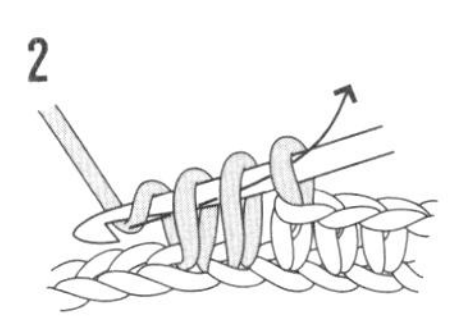

3

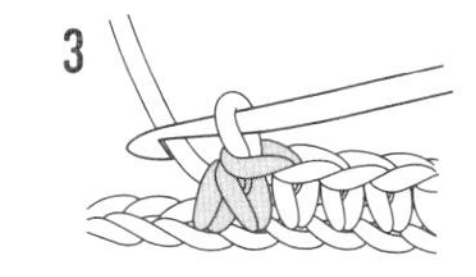

中長針

1

2

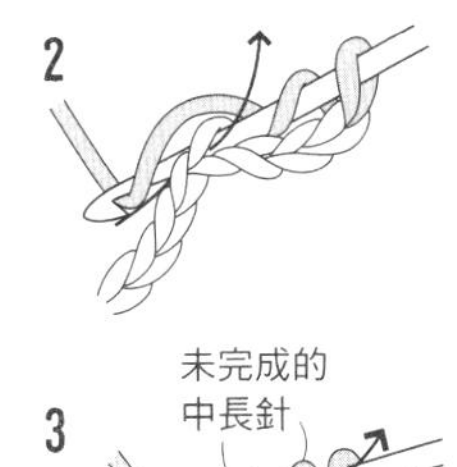

3

4

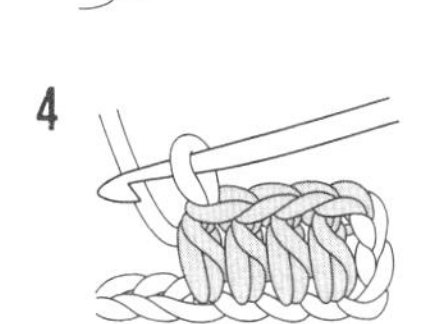

3中長針的玉針

1

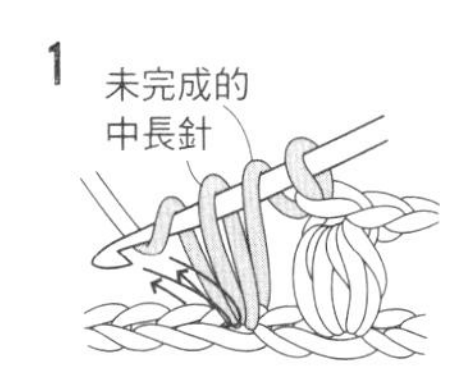

2

3

※針數不同時，依相同要領編織即可。

長針

1

2

3

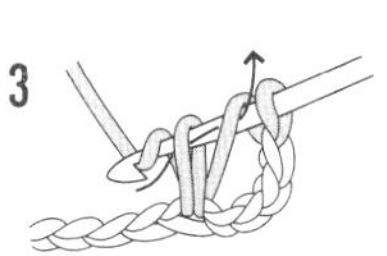

4

5

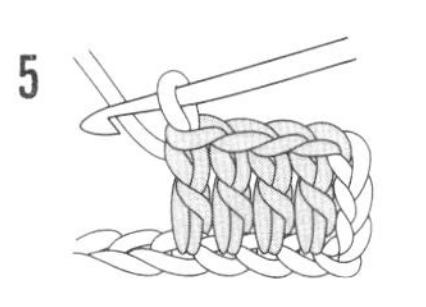

2長針的玉針

1

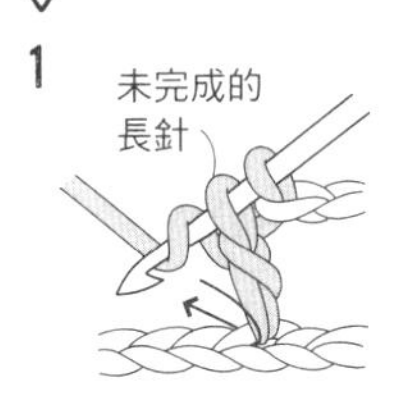

2

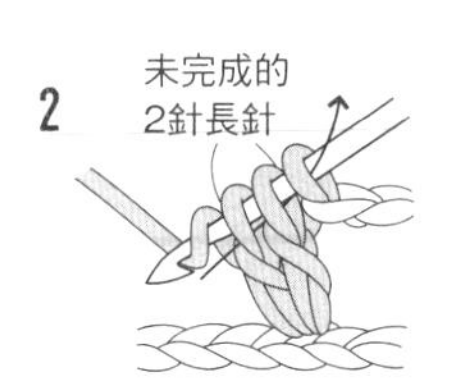

3

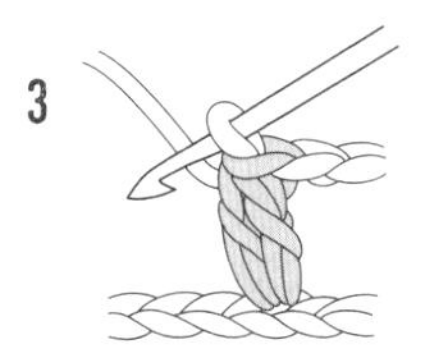

※針數不同時，依相同要領編織即可。

2長針加針

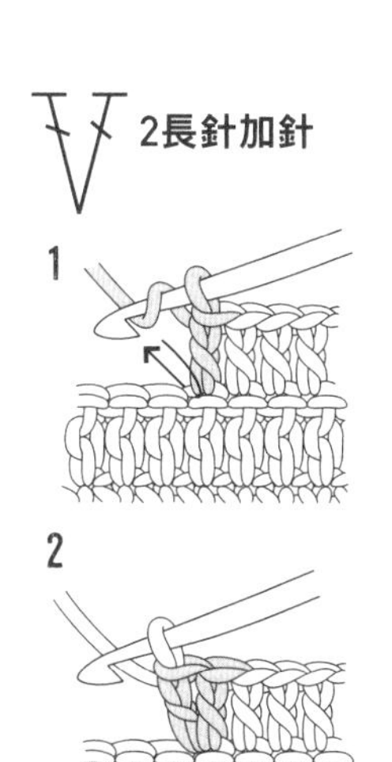

※針數不同時，
依相同要領編織即可。

長針的2併針

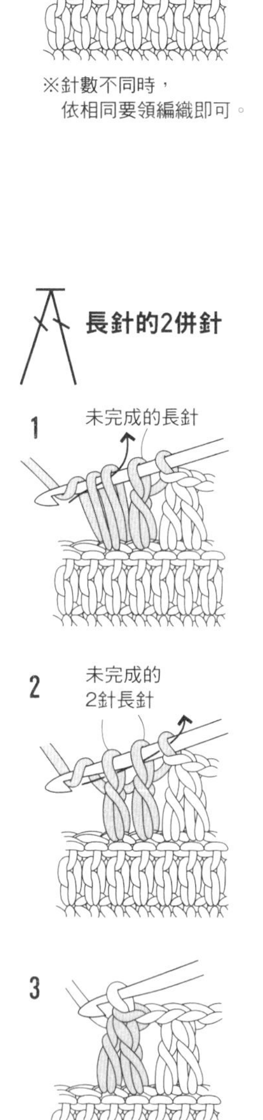

3鎖針的結粒針

1

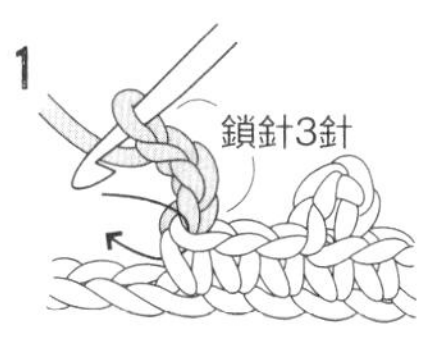

2

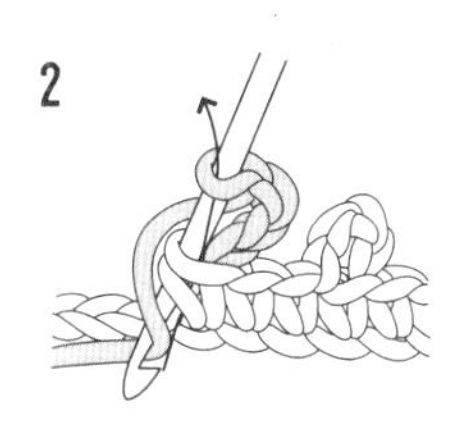

3

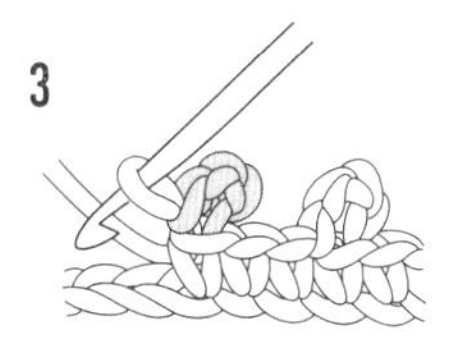

※針數不同時，
依相同要領編織即可。

長長針

1

掛線2次

立起針的
鎖針4針

2

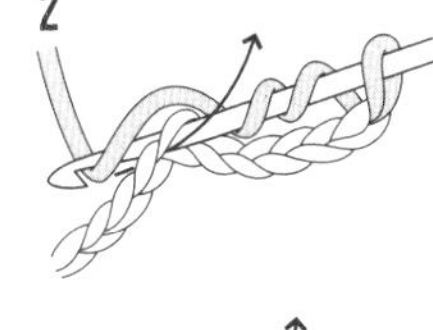

3

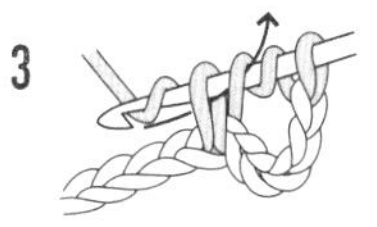

4

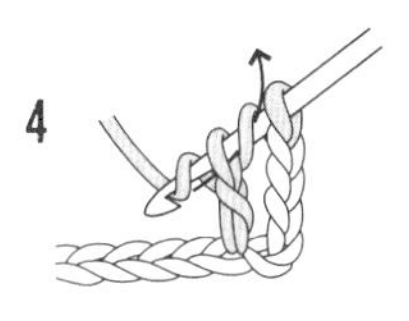

5

6

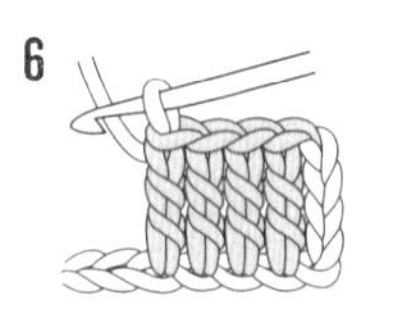

長長針的2併針

※依長針2併針的要領，
一次引拔未完成的2針
長長針。

全針目的捲針縫

1

2

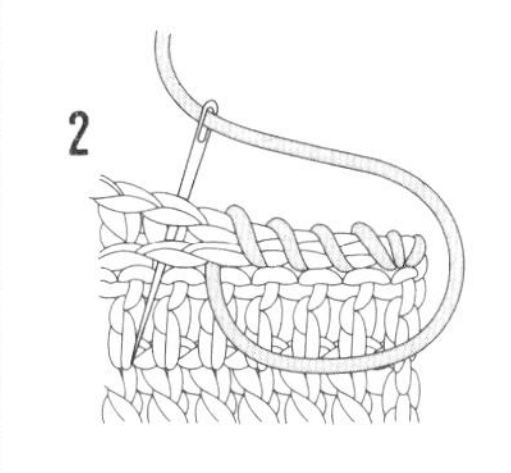

引拔針併縫

1

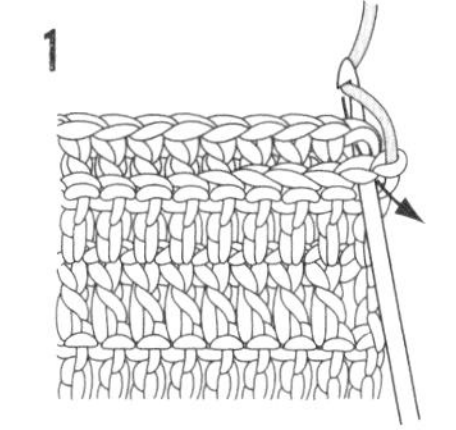

2

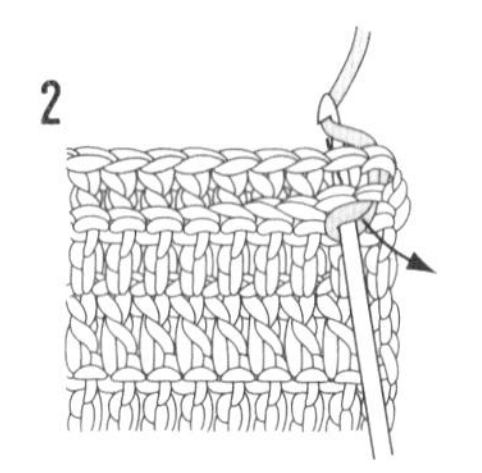

3

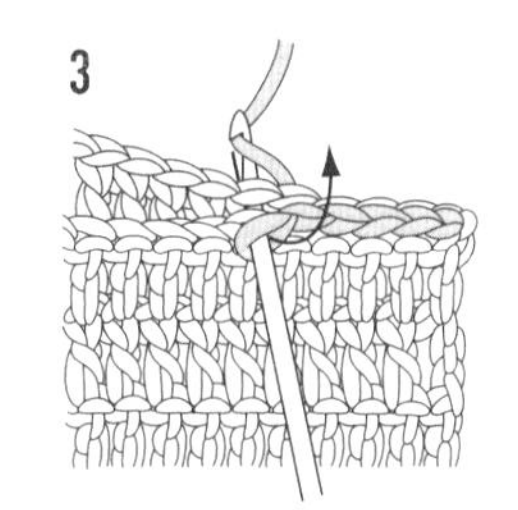

鎖針與引拔針併縫

※以引拔針併縫兩織片，
至下一針引拔針為止，
鉤織指定針數的鎖針。

鎖針&引拔針綴縫

1

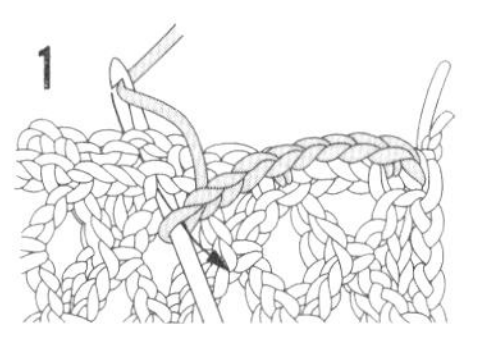

鉤織引拔針綴縫兩織片

2

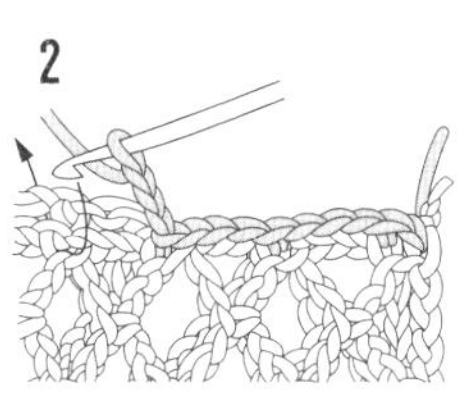

至下一針引拔針為止，
進行指定針數的鎖針。

引拔針綴縫

※依鎖針與引拔針綴縫的
要領，但是不鉤織鎖
針，每段皆以引拔針綴
縫即可。

鎖針接縫

1

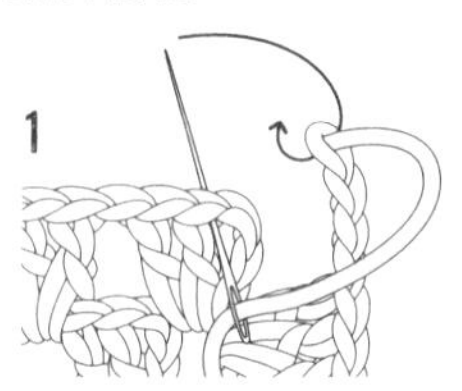

以縫針製作1針

2

織線從中央穿回原針目背面，
正面看來是一針完整的鎖針。

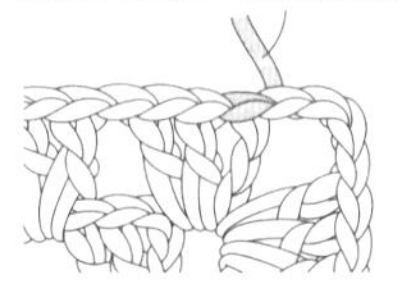

本書使用線材

本書使用線材如下列記載。品名與顏色後方的數字為產品的色號。
有關線材資訊請參考本書版權頁。

P.5・49
艾倫花樣連指手套
品名 Sonomono Alpaca Lily
米白色(111)/Ⓗ
成分 羊毛80% 羊駝毛20%
線長 40g/球・約120m

P.6・53
葉片花樣圍巾
品名 Merino Silk Angora 粉紅色(4)/Ⓡ
成分 羊毛60% 安哥拉羊毛20% 蠶絲20%
線長 40g/球・約120m

P.8・52
條紋暖手套
品名 Amerry 藍灰色(29)
檸檬黃(25)/Ⓗ
成分 羊毛70% 壓克力30%
線長 40g/球・約110m

P.10・55
雙色襪
品名 KORPOKKUR 綠色(12)、水藍色(21)
深粉紅(19)、紅色(7)/Ⓗ
成分 羊毛40% 壓克力30% 尼龍30%
線長 25g/球・約92m

P.12・58
起伏針斗篷
品名 Sonomono HAIRY 淺灰色(124)
米色(122)/Ⓗ
成分 羊駝毛75% 羊毛25%
線長 25g/球・約125m

P.14・60
小小花樣針織帽
品名 SOFT DONEGAL 灰色(5204)
水藍色(5248)/Ⓟ
成分 羊毛100%
線長 40g/球・約75m

P.16・66
花樣織片蓋毯
品名 PERCENT Mini 粉紅色(372)
胭脂色(375)、柿色(417)
橘色(386)、黃鶯色(316)
深粉紅(414)、紅色(374)
鮭魚粉(415)、草綠色(314)
淺綠色(409)、 深紅色(373)
桃紅色(379)、芥末黃(306)
冰綠色(335)、黃綠色(333)
黃色(401)、淺粉紅(383)
薄荷綠(323)、綠色(407)
淺藍色(410)、檸檬黃(304)
淺水藍(322)、土耳其藍(408)
藍色(342)、水藍色(340)/Ⓡ
PERCENT 淺杏色(123)/Ⓡ
成分 羊毛100%
線長 10g/球・約30m、40g/球・約120m
※PERCENT Mini為風工房原創精選。

P.18・62
漸層三角披肩
品名 ALPACA EXTRA 綠色系段染線(3)/Ⓗ
成分 羊駝毛82% 尼龍18%
線長 25g/球・約96m

P.20・64
條紋花樣背心
品名 Ampato Suri 深綠色(615)/Ⓟ
成分 羊駝毛80%(使用蘇力羊駝毛)
羊毛20%
線長 25g/球・約133m

P.22・57
地模樣圍巾
品名 CASHMERE 紫色(119)/Ⓡ
成分 喀什米爾羊毛100%
線長 20g/球・約92m

P.24・68
織入花樣腕套
品名 QUEEN ANNY 綠色(853)
灰色(832)、米白色(880)
紅色(897)/Ⓟ
成分 羊毛100%
線長 50g/球・約97m

P.26・69
市松花樣蓋毯
品名 BRITISH EROIKA 酒紅色(168)/Ⓟ
成分 羊毛100%(使用50%以上英國羊毛)
線長 50g/球・約83m

P. 28・71
雪花結晶花樣披肩
品名 SOFF ALPACA 灰色(11)/Ⓡ
成分 羊駝毛54% 尼龍46%
線長 25g/球・約115m

P.30・72
花朵胸針領圍
品名 ALPACA MOHAIR Fine 米白色(1)/Ⓗ
成分 馬海毛35% 壓克力35% 羊駝毛20%
羊毛10%
線長 25g/球・約110m

P.32・73
格紋小肩包
品名 PERCENT 深綠色(31)、黃綠色(33)
藍色(106)、水藍色(39)
芥末黃(6)、茶色(9)/Ⓡ
成分 羊毛100%
線長 40g/球・約120m

P.34・75
鳳梨花樣小方包
品名 Lino Fresco 水晶藍(314)/Ⓟ
成分 麻(亞麻)100%
線長 25g/球・約100m

P.35・76
夏日提袋
品名 eco ANDARIA crochet 紅色(805)
原色(801)/Ⓗ
成分 人造絲(嫘縈)100%
線長 30g/球・約125m

P.36・78
貝殼花樣長版上衣
品名 PIMA DENIM 藍色(111)/Ⓟ
成分 棉100%
線長 40g/球・約135m

P.38・80
泡泡袖瑪格麗特短罩衫
品名 Dear Linen 淺灰粉(3)/Ⓗ
成分 亞麻100%
線長 25g/球・約112m

P.40・81
雙色套頭線衫
品名 Fossetta 水藍色(4)、白色(1)/Ⓡ
成分 棉100%
線長 30g/球・約72m

P.42・84
夏日草帽
品名 eco ANDARIA 復古黃(69)/Ⓗ
成分 人造絲(嫘縈)100%
線長 40g/球・約80m

P.44・86
鳳梨花樣長巾
品名 APRICO 黃色(16)/Ⓗ
成分 棉100%
線長 30g/球・約120m

P.45・87
鳳梨花樣典雅披肩
品名 SILK FILINO 青瓷色(7)/Ⓡ
成分 蠶絲100%
線長 20g/球・約 110m

P.46・88
菱形圖案披肩
品名 Soie de Eclat 原色(1)/Ⓡ
成分 蠶絲95% 聚酯纖維5%
線長 20g/球・約110m

P.47・89
寄針花樣披巾
品名 LUXSIC 淺綠色(621)/Ⓟ
成分 棉100%
線長 40g/球・約136m

Ⓗ=Hamanaka Ⓡ=Hamanaka Rich More Ⓟ=Puppy
※產品資訊為2016年8月當下訊息。

【Knit・愛鉤織】59

沙發上的棒針&鉤針
簡單可愛・風工房の針織衣飾&小物

作　　者／風工房
譯　　者／彭小玲
發 行 人／詹慶和
總 編 輯／蔡麗玲
執行編輯／蔡毓玲
外　　編／莊雅雯
編　　輯／劉蕙寧・黃璟安・陳姿伶・李宛真・陳昕儀
執行美編／周盈汝
美術編輯／陳麗娜・韓欣恬
出 版 者／雅書堂文化事業有限公司
發 行 者／雅書堂文化事業有限公司
郵撥帳號／18225950
戶　　名／雅書堂文化事業有限公司
地　　址／新北市板橋區板新路206號3樓
電　　話／（02）8952-4078
傳　　真／（02）8952-4084
電子郵件／elegantbooks@msa.hinet.net

2019年2月初版一刷　定價380元

KANTAN DE KAWAII KAZEKOBO NO MI NI MATOU KNIT by Kazekobo

Original Japanese edition published by NHK Publishing, Inc.

This Traditional Chinese edition is published by arrangement with NHK Publishing, Inc., Tokyo in care of Tuttle-Mori Agency, Inc., Tokyo through Keio Cultural Enterprise Co., Ltd., New Taipei City

經銷／易可數位行銷股份有限公司
地址／新北市新店區寶橋路235巷6弄3號5樓
電話／（02）8911-0825
傳真／（02）8911-0801

國家圖書館出版品預行編目資料

簡單可愛.風工房の針織衣飾&小物 / 風工房著；彭小玲譯. -- 初版. -- 新北市：雅書堂文化, 2019.02
面；　公分. -- (愛鉤織；59)
譯自：簡単でかわいい 風工房の身にまとうニット
ISBN 978-986-302-472-9(平裝)
1.編織 2.手工藝

426.4　　107023026

線材資訊
DAICOH International Ltd. Puppy事業部
http://www.puppyarn.com

Hamanaka・Hamanaka Rich More
http://www.hamanaka.co.jp

[日文版STAFF]

書籍設計／蓮尾真沙子（tri）
攝影／回里純子
公文美和、下瀬成美、中島繁樹、中辻 渉、中野博安、南雲保夫、鍋島恭德、成清徹也、本間伸彥、三木麻奈
視覺呈現／シダテルミ（封面）
髮型&化粧／タニジュンコ（p.10、23、28、32、36、43）
模特兒／春菜メロディー、松島エミ
岩崎良美、梅澤レナ、理絵、伽奈、Colliu、高見まなみ、hiromi、宮本りえ、山川未央、リー・モモカ
作法解説／石原賞子
作法製圖／day studio（ダイラクサトミ）
校正／廣瀨詠子
編輯／倉持咲子（NHK出版）

攝影協力／ファラオ

From Top to Toe的
年間織作

From Top to Toe的
年間織作

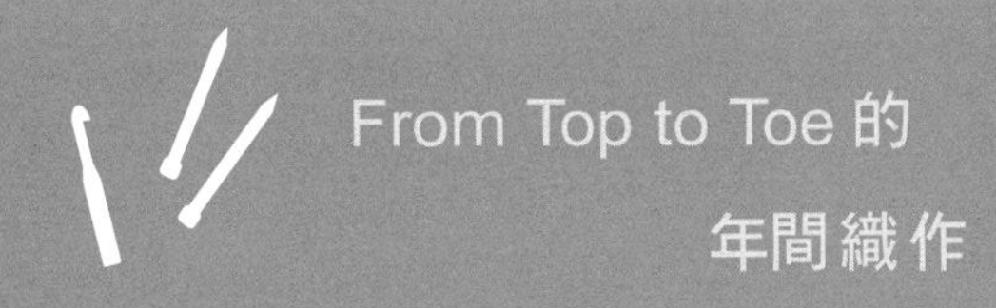
From Top to Toe的
年間織作

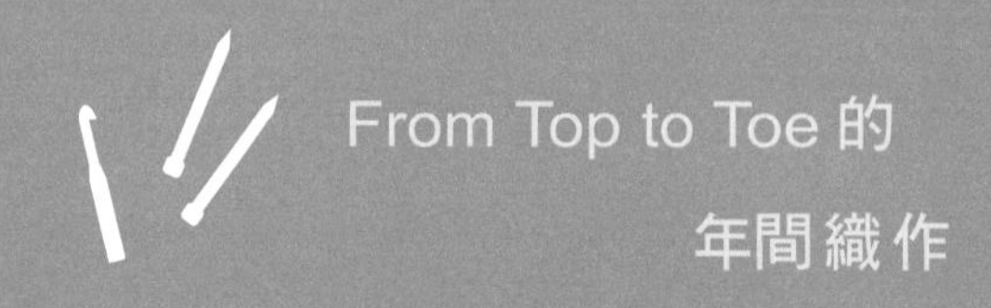
From Top to Toe的
年間織作